智慧
全能型供电所

主 编 何健

副主编 叶峰 梁坚 丁玉珏

中国电力出版社

CHINA ELECTRIC POWER PRESS

内 容 提 要

为提升乡镇供电所综合管理水平和服务能力，基于"互联网＋"的理念，将信息技术、云存储、大数据分析与人工智能等新型技术平台与全能型供电所建设相结合，依托国网宜昌市高新区供电公司打造"智慧"全能型供电所的长期实践探索，特组织编制了本书。

本书以智慧全能型供电所的概念、主要任务、推广理念、建设方法和案例为编撰思路，共分为9章：第1章主要介绍智慧全能型供电所的概念；第2章至第4章分别描述了业务协同运行、人员一专多能及服务一次到位三项主要任务；第5章和第6章阐述了智慧全能型供电所发展推广的理念，即节能与绿色；第7章和第8章则分别介绍了软、硬件系统建设的方法；第9章是国网宜昌市高新区供电公司智慧全能型供电所探索的典型经验。

本书可供从事电力能源领域相关单位的管理人员和技术人员学习参考，并可供相关专业师生学习参考。

图书在版编目（CIP）数据

智慧全能型供电所/何健主编. —北京：中国电力出版社，2019.6
ISBN 978-7-5198-3119-6

Ⅰ . ①智… Ⅱ . ①何… Ⅲ . ①智能控制–供电网 Ⅳ . ①TM727

中国版本图书馆 CIP 数据核字（2019）第 080893 号

出版发行：中国电力出版社
地 址：北京市东城区北京站西街 19 号（邮政编码 100005）
网 址：http://www.cepp.sgcc.com.cn
责任编辑：翟巧珍（010-63412351）
责任校对：黄 蓓 太兴华
装帧设计：张俊霞
责任印制：石 雷

印 刷：北京博海升彩色印刷有限公司
版 次：2019 年 6 月第一版
印 次：2019 年 6 月北京第一次印刷
开 本：710 毫米×980 毫米 16 开本
印 张：11
字 数：172 千字
印 数：0001—3500 册
定 价：58.00 元

编　委　会

主　　编　何　健

副 主 编　叶　峰　梁　坚　丁玉珏

审核人员　丁和平　何伟军

参编人员　赵万宝　刘子伟　庄翔云

　　　　　　　黄建明　赵月明　魏业文

　　　　　　　胡寒竟

我国是农业大国，促进农村经济快速发展是提升国民生活水平的重要手段，电力工业对驱动经济水平提升的效果尤为显著。经过 40 多年的改革开放，农村经济水平伴随着城市发展有了很大的提高，农民生活质量得以改善，然而，处于配电网末端的乡镇供电所，在供电能力和服务水平等方面的发展相对滞后，对促进农村经济水平持续增长和进一步提高农民生活水平的作用较弱。

针对此问题，国家电网有限公司出台了《关于进一步加强乡镇供电所管理工作的若干意见》《关于印发 2017 年"全能型"乡镇供电所建设的工作意见》等一系列文件，要求乡镇供电所加强"营配合一，末端融合"，实施"业务协同运行、人员一专多能、服务一次到位"的全能型供电所建设战略，以达到农村供电可靠性显著增强，用电服务水平大幅提升的目的，为解决我国"三农"问题贡献企业力量。

宜昌市高新区供电公司（简称"公司"）心怀企业使命，积极践行国家电网有限公司发展战略，持续探索全能型乡镇供电所发展之路，并开展试点建设，取得了显著成果。公司将全能型供电所发展理念与宜昌本地人文地理特征，智慧用电、绿色发展等概念相结合，因地制宜，大力开展校企联合，打造基于互联网+的"智慧全能型供电"。公司与三峡大学合作，历时数年，梳理乡镇供电所改革发展的思路和经验成果，终成《智慧全能型供电所》。

该书分九章，从智慧全能型供电所的定义、业务管理、人员管理、供电所服务、智慧用电、绿色发展、功能升级、文化建设及转化案例等多个方面，阐述智慧全能型供电所的发展理念、内涵、具体实施方法和建设成效等内容。在编写方式上，《智慧全能型供电所》力求以客观准确的数据为支撑，以简练的文字叙述，辅以图形图表，做到图文并茂、直观形象，志在便于阅读，利于查检、凝聚焦点、突出重点。

本书编写过程中，得到了三峡大学、相关企业、机构和行业知名专家的大力支持和指导，在此谨致以衷心的谢意。因经验有限，该书难免存有疏漏之处，恳请读者批评指正。

编　者

2019 年 5 月

目录

1

概　　述

为保障农村振兴计划的顺利实施，助力乡镇经济蓬勃发展，确保农民生活水平稳步提升，满足农村电力市场日益增长的用电需求，乡镇供电所应当敢担责任、勇于作为，迎接时代发展带来的挑战。对此，国网公司出台了《国网公司关于进一步加强乡镇供电所管理工作的若干意见》《国网营销部关于印发2017 年"全能型"乡镇供电所建设的工作意见》（营销农电〔2017〕16 号）、《国网湖北省电力公司关于印发"全能型"乡镇供电所建设工作实施方案的通知》等文件，明确要通过提升业务办理效率、简化管理程序和优化服务质量，走乡镇供电所"智慧全能型"变革之路，实现乡镇供电所的创新发展。在此背景下，国网宜昌市高新区供电公司积极推进和落实辖区内乡镇供电所的创新发展，并结合本地实际情况，发挥区域优势，应用"互联网＋"、现代信息技术、云计算、大数据分析等新技术平台，积极探索智慧全能型供电所建设方法。

 1.1　"全能型"供电所

用辩证唯物主义观点看待事物的发展，关键要把握事物发展的外因和内因，明辨两者之间互相作用、互相转化的辩证关系。乡镇供电所的发展，其外因是当前国内外社会经济的高水平发展及其创新发展趋势，内因是乡村经济复苏对农村负荷供电质量的高要求，两者相互影响、共同驱动乡镇供电所管理模式变革。

1.1.1 优质供电服务助力农村经济发展水平稳步提升

农业、农村和农民，"三农问题"是我国社会主义现代化建设的热点问题，也是我国经济发展过程中需要特殊关注的问题。我国是一个农业大国，更是一个人口大国，解决好农村问题是我国发展的首要任务。随着我国近几年经济增速呈现缓慢放缓的状态，经济发展问题得到绝大多数人的关注，农村经济发展作为影响整体经济发展的关键因素更是受到了瞩目。

当前农村经济发展正处于一个加快转型的阶段，由原来的粗放式、传统型模式向集约式、现代化农业发展。从生产方式、产业结构、销售方式都在进行一场全新的革命。某些地区可能人均耕地面积较少，无法满足机械化的操作，为了进行改革实行集体化承包的经营方式。随着我国走出去的步伐加快，农产品的销售方式也不再局限于直接销售，而是经过加工包装产生附加价值，并且从原来的自产自销转变成了线上线下、国内国外的销售模式。"三农问题"关系到国民素质、经济发展，关系到社会稳定、国家富强、民族复兴，因此国家对于农村问题关注较高。为了解决三农问题，国家陆续出台了《关于加大改革创新力度加快农业现代化建设的若干意见》《关于落实发展新理念加快农业现代化实现全面小康目标的若干意见》等相关文件以促进农村问题的尽快解决。现阶段，随着城乡的联合发展，农村务工数量逐年升高，以致出现农村只剩下留守儿童和孤寡老人的现象，这对农村产业升级换代来说十分不利。另外，农村人口普遍文化水平不高，技术应用型以及知识全能型人才很少，无法适应经济的不断变革，对于市场的变化反应不敏锐，更是加剧了农村经济变革的难度。

1.1.2 乡镇供电所服务水平普遍处于相对滞后状态

乡镇供电所主要负责所在区域范围内农村电网运行维护以及农村供电营销服务工作，具体业务范围包括：10kV 及以下电力设施的运行、检修、 维护、抢修；电能表与用电信息采集装置的维护、轮换及故障处理；抄表收费；表箱维修业务；业扩报装以及协调地方政府与地方工作。目前，乡镇供电所供电发展现状及可行性改进措施分别如下。

1.1.2.1　供电所工作人员专业素质提升方面

在新农村建设新形势下，要求供电所工作人员具备较高的专业素养，从而为农业生产与农民日常生活带来可靠的供电服务，但是乡镇供电所工作人员的专业素质与服务意识有待提升，表现为：一方面，供电所人员配置不合理，在编排工作人员时没有充分考虑到这些工作人员的实际年龄、工作经验、工作能力以及知识结构等，这样就会影响到供电所员工的工作质量以及工作效率；另一方面，供电所员工无论是业务素质还是工作能力都需要得到有效增强与提升，若没有专业性的供电知识与必需技能，一旦供电设备出现故障问题亟待维修，会因为缺乏专业技能水平而造成设备无法得到及时维修，造成极大损失。可行性改进措施包括：首先，要做好员工的选聘与培训工作。选聘员工时，必须要公平、公正与公开，被任用人员要经过统一考试，合格后方可任用；公开薪酬管理、岗位设置以及竞聘方案等，要号召优秀供电服务职工竞聘；组织员工培训、主题讲座、有奖竞猜等，让员工在短时间内强化自身专业技能。其次，要提高员工的服务意识。供电所要心系客户实际需求，对工作方式及时调整，供电所员工是供电所的形象，不仅要有过硬的业务素质，还要有相应的服务意识，让他们能全心全意为人民服务，让百姓感受到电力人员的工作效率；经常开展优质服务评比活动，以树立典型榜样与物质奖励方式来提升他们服务水平。最后，要改善员工待遇，提高他们的工作积极性，供电所日常工作较为危险，工作环境较为恶劣，危险系数较高，如果员工没有较高的福利待遇，工作积极性会受到影响。

1.1.2.2　完善基础设施及增强市场竞争力方面

首先，乡镇供电所应充分认识农村供电服务的重要性，应不断加大供电所建设的资金投入，健全与完善乡镇供电所的基础设施，从而对供电效率产生积极的影响，大大促进供电任务的实施；另外，供电所的劳动生产水平相对较低，且存在供电对象分布分散以及点多面广的实际情况，这极大制约了供电水平的发展，削减了供电所的经济效益，并直接导致供电企业缺乏市场竞争力。其次，供电所要不断规范管理制度，目前乡镇供电所管理制度还不够规范，系统内部较为松散，没有充分考虑到成本控制；供电所员工工作习惯有待改进，安全意识有待加强，避免违章指挥与违章操作行为；在新形势下，我国整体电力供需矛盾得到缓和，这就更需要加强对供电工作服务质量的重视，尽快实现供电信息化。供电企业要重视下属供电所，对下属企业给予充分的支持，尤其是资金投入方面，例如技术管理投入与设备投入；投入资金时，供电企业要帮助供电所购进相关设备设施，并给予一定的技术辅导指导，严格根据有关规定有条理或有步骤地进行推进与调整；电力企业也要发挥好成本管控与监督作用，若供电所面临技术难题，要及时调派技术人员加以指导，保障供电所的供电所水平以提高公司的市场竞争力。新形势下必须要对供电所管理工作加强重视，并形成相应的健全标准的管理制度，且将制度严格落实，以保障供电所的管理水平；加强全体员工的认识与认可，保障内部人员将供电管理工作落到实处；供电管理相关制度在落实过程中要全面分析，对现用工作制度与详细流程进行整理，按照当前供电面临实际问题来加以健全；要健全监督机制并完善员工考核评价体系，完善 10kV 与 0.4kV 线路维护、抄核收、两票及业扩报装等管理制度，使供电所的工作能够制度化与规范化；要全方位考察与审核供电所，通过具体实施来对各项管理制度有效落实；供电管理工作必须要做好成本管控以提升供电所经济效益，要重视过载变压器与低电压线路管理运行及现场作业等。此外还要建立隐患治理台账，推进线损考核管理与台区综合治理等工作，提高节能降损管理水平，要改善基础设施闭环管理，严格执行安全工器具购买、使用、维护与报废等各环节的规章管理制度。

1.1.2.3 供电管理工作的群众服务意识方面

农村用电负荷日益增高，夏季用电高峰时，普遍存在发生大功率用电器无法运转的情况，导致停电与限电事件频发。供电所员工缺乏明确的工作分工与职责，不能及时解决客户疑问与问题。随着时代的变化，社会经济的发展，农村经济发展对供电服务提出了更高的要求，如果供电所管理中存在的问题依然无法解决，这将严重制约农经经济的快速发展。加强电网维护，为可靠用电提供保障；要加强员工的责任心，供电是否可靠关乎企业经济效益，因此要在日常生活中落实好电网维护工作；要加强对抢修服务的重视，要及时抢修存在的电力故障，为客户提供优质的服务；缓解好电力供需矛盾，兼顾开发与节约以提升电能利用效率。

1.1.3　创新业已成为社会进步的强劲动力和各行各业的发展趋势

从国家发展的角度看待创新，目前我国已成为拉动世界经济复苏的第一引擎，回顾 40 年的改革开放之路，推动中国实现快速发展的第一动力，毫无疑问，就是创新。改革开放以来，从改革开放总设计师邓小平提出的"科学技术是第一生产力"，到习近平总书记提出的"创新是引领发展的第一动力"，创新精神已在 40 年的奋发进取中深深刻入中华民族的灵魂，成为一个国家兴旺发达的不竭动力，国家的一切发展成就，都与创新紧密相连。从引进、消化、整合、创新一直到最终形成超越西方发达国家的新标准，"复兴号"展示了中国高铁的逆袭之路，载人的"神舟"飞船、探月的"嫦娥""玉兔"，是中国人不断向宇宙进发的足迹；北斗导航、国产大飞机、国产航空母舰，是中国人冲破技术封锁的新一代国之重器；寻找暗物质的"悟空"、量子通信的"墨子"、深潜海底的"蛟龙"、仰望星辰的"天眼"，是中国人在世界前沿寻觅科学真理的利器；三峡工程、青藏铁路、西气东输、南水北调，是中国人建设美好家园的重大工程奇迹；在世界排行榜上与美国你追我赶的超级计算机、世界上最接近商业化且安全性最高的四代核电技术，是中国人走向世界舞台的名片。在创新的阶梯上，从低到高共有四种创新：一是通过低廉的劳动力价格、周密的管理体系、严谨的工艺路线和精准的资金投入，从提高管理和生产效率切入的，是效率式创新，中国的效率式创新已进入边际效益递减阶段；二是在已有技术的基础上，通过引进消化吸收再创新或集成创新来实现整合型技术发展，是开发式创新，中国的开发式创新已接近尾声；三是把现有的科学知识变成可实现的技术突破，是高新技术式创新，中国在热点领域的高新技术式创新风起云涌，但与美国等发达国家相比，常常慢人一步；四是在基础研究新成果与新技术结合的基础上推动产业新变革，从基础研究做起，实现全链条贯穿，是颠覆式技术创新，也是最高阶的创新。前三个阶梯仍属于跟踪式创新范畴，只有到达颠覆式技术创新这个最高阶梯，才能成为名副其实的"领跑者"。

从电力行业发展的角度谈创新，改革开放 40 年来，国家电网公司瞄准电网科技制高点，大力推进自主创新，把创新作为引领发展的第一动力，贯穿企业经营发展全过程，在特高压输电、智能电网、大电网运行控制等方面，取得了一批具有全球领先水平的科技创新成果，研发了世界上最先进的特高压输电技术，电压等级最高、输送容量最大、输送距离最远、技术水平最先进的准东—皖南±1100 kV 特高压直流输电工程。1976 年以来，国家电网以"支撑电网发展、保障电网安全"为目标，在电网稳定性理论、仿真分析、安全防御领域取得了一系列原创性成果，支撑我国电网发展为世界上电压等级最高、规模最大、安全运行纪录最长的特大型电网。进入新世纪，国家电网在大规模互联电网稳定性理论、安全防御控制技术等方面取得一系列原创性成果，建成国家电网仿真中心和数据中心形成世界上功能最强的电网仿真体系；创建强迫振荡、功率波动、故障传播等稳定性理论，解决了复杂电网振荡机理不明、功率转移引发大停电事故的防控难题等电网分析方面的难题，为交直流电网安全运行奠定了理论和技术基础；研制我国首套电力系统稳定器、世界上容量最大电压最高的可控串联补偿装置、世界领先的多直流安全稳定协调控制系统，构建了国家电网安全防御技术体系。这些成果支撑了我国由超高压向特高压全国互联电网升级，揭示了世界唯一的特高压交直流互联大电网的新机理，显著提高了电网安全水平，为三峡输电系统、全国联网和特高压交直流电网等国家重大工程提供了强有力的理论和技术支撑，保障了电网长期安全运行。目前，随着信息技术的快速发展，具有通信互联能力的电气设备被广泛应用于电力系统的各个环节，电网的智能化程度越来越高，云计算、大数据分析等技术与电网发展紧密结合，也对电网管理提供了新的思路和方法。国家电网已成为全球能源资源配置能力最为强大、全球并网新能源装机规模最大的电网，同时也是全球安全运行水平最高的电网之一。

1.1.4 供电所改革与创新发展责任重大

随着改革开放进入深水区，改革影响再次从城市反馈农村，在此时代变换的重大背景下，十九大报告中提出了实现"两个一百年"的奋斗目标，第一个"一百年"可理解为使我国城市经济实力、科技实力、国防实力跻身世界前列，第二个"一百年"要加快中西部发展，特别使发展相对滞后的农村经济快速提升，抑制城乡差距的增大趋势。可见，增速乡镇经济、加快乡村建设将成为我国经济发展的重心，这使得乡村经济的复苏迎来了空前的机遇。根据农村负荷现状及供电需求，农网线路大多布设失当，线路走廊及配电设备隐患重重，业务单一，管理与服务水平亟待提升，且由于长期得不到重视和资金投入，实际供电能力差，无法保障经济快速发展对电力供应的急切需求。另外，乡镇电网的网架结构主要以单线辐射为主，供电的可靠性差，这些缺陷必将制约着农村经济发展。

乡镇供电所处于电网线路的末端，是直接面向广大乡镇客户的电力服务站，客户需求差异大且分布的地域复杂，供电辖区内一般经济发展缓慢，线路设施较为陈旧、规划相对滞后，运行与维护的难度大，管理和服务水平难以提升，随着我国改革开放力度的加大，农村经济发展呈现振兴之势，如何助力新农村建设？如何为农村经济发展保驾护航？成为乡镇供电所创新发展的新方向。

1.2　智慧全能型供电所

什么是全能型供电所？全能型供电所的核心理念、建设任务和目标分别是什么？全能型供电所的"智慧"如何体现？其建设原则和思路如何？本节将对这些问题进行阐述。

1.2.1　智慧全能型供电所的内涵

乡镇供电所的改革发展分为两步：一是建设全能型供电所，二是打造智慧化的乡镇供电服务。前者注重供电所自身管理水平提升，后者以提升供电服务质量为重点。

全能型供电所的核心是着力打造业务协同运行、人员一专多能、服务一次到位，如图1-1所示。即在业务上实现"末端融合"或"营配合一"，并增设新型业务办理；在管理上推行集农村低压配电运维、设备管理、台区营销管理和客户服务于一体的"台区经理制",实行"网格化"管理;在服务方面,要加快"互联网+"及电子化的渠道推广,实行各项业务"一站式"办理,打造优质供电服务。

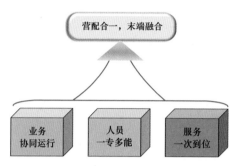

图1-1　全能型供电所建设的核心目标

具体任务包括:要加强业务扩展、专用变压器报装等内容的建设,建立电力设备代维模式,推广光伏并网,加强能效服务等业务的建设,并加强周边供电所的联系,实行"全能型"供电所带动周边供电所发展的"1+N"模式;理顺管理关系,实施差异化管控,优化作业组织形式,应用"互联网+"技术,以信息化为支撑,施行"台区经理+台区设备"管理模式,集农村低压配电运维、设备管理、营销服务等业务于一体,构建网格化供电服务模式,培育一专多能的员工队伍,实现"一口对外"和"一站式"服务。

建设目标包括:服务能力显著增强,网格化管理,每个台区都有台区经理,每个设备都有主人,客户诉求能够在第一时间得到响应,服务响应速度和运维抢修效率大幅提高,"营配融合"确保客户任何诉求都能实现服务一次到位,依托"互联网+"应用为客户提供新型服务,客户"费控协议"签订率百分之百,综合柜员前台受理工作量同比下降 72%,低压报修处理时间平均缩短 3%以上,95598 属实投诉为零;管理水平持续提升,通过复合型业务技能培训,供电所员工基本具备了生产、营销的综合工作能力。实施网格化供电服务管理模式,使台区经理有了自己的"责任田",工作作风明显好转,工作效率明显提高。营销和配电的融合有效解决了专业壁垒问题,服务工作运转更加高效有序。

1.2.2 全能型供电所的"智慧"

智能电网是以物理电网为基础，将现代先进的传感测量技术、通信技术、信息技术、计算机技术和控制技术与物理电网高度集成而形成的新型电网。智能电网以充分满足客户对电力的需求和优化资源配置，确保电力供应的安全性、可靠性和经济性，满足环保约束、保证电能质量、适应电力市场化发展为目的，实现对客户可靠、经济、清洁、互动的电力供应和增值服务。智慧供电是智能电网发展的高级目标，它是在智能电力设备、现代通信技术、云平台与大数据分析等基础上发展和进化的结果，是以提供优质、贴心的客户服务为理念的创新型供电模式。智慧全能型供电所建设与智能电网发展密切关联，相互促进，它是电网智能化发展在配用电端的具体表现，相对于传统全能型供电所，智慧全能型供电所具有配电系统可视化程度高、营销及服务趋于智能化、节电用电可靠高效、故障自愈能力强等特征，如图2−2所示，全能型供电所的"智慧"指：智慧配电、智慧营销、智慧节能和智慧运检。

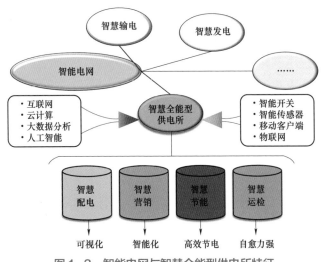

图1−2　智能电网与智慧全能型供电所特征

1.2.2.1 智慧配电

智慧配电借助智能配电网为载体来实现。智能配电网的建设与发展，有助于促进清洁能源的开发利用，减少温室气体排放，推动低碳经济发展；有助于优化能源结构，实现多种能源形式的互补，确保能源供应的安全稳定。智能配电网的主要特征包括自愈、激励和保护客户、抵御攻击、提供满足 21 世纪客户需求的电能质量、容许各种不同发电形式的接入、启动电力市场以及资产的优化高效运行。智能配电网的核心内涵是实现电网的信息化、数字化、自动化和互动化，简称为"坚强的智能配电网"。智能配电网的"智慧"表现为：

（1）高度稳定性。和早期的电网相比，新时代的智能配电网稳定性更高，在进行相关信息输送时，能够有较高的运行效率和传输速度，从某种程度上降低了相关信息被非法人员获取的概率。当电网出现较严重问题时，依旧可以继续进行供电工作，不会造成大范围的停电。

（2）良好自愈性。当在正常工作中遭遇其他因素干扰时，智能电网可自行调节和恢复，将自身出现的故障和问题及时修复和处理，主动完善网络结构，而且智能电网可以对自身的安全性做出分析，在遇到故障前就可进行自我预防和控制。如果故障无法避免，将会在故障出现后的第一时间进行自我诊断并修复，保证电网安全运行。

（3）超凡兼容性。对于不同种类和格式的信息，智能配电网可以通过调节和控制，进行信息反馈。此外，智能调度、电力储能、配电自动化等技术的广泛应用，使智能电网运行控制更加灵活、经济，并能适应大量分布式电源、微电网及电动汽车充放电设施的接入，兼容多种网络传输方式，为相关客户提供一定的客户体验。

（4）高度集成性。智能配电网可实现实时和非实时信息的高度集成、共享与利用，为运行管理展示全面、完整和精细的电网运营状态图，同时能够提供相应的辅助决策支持、控制实施方案和应对预案。智能配电网还可完成相关数据的共享和集成，在借助相关平台的基础上，进行标准化管理。智能配电网能将很多种类的信息进行有效整合，经过相关调节和控制，满足客户接受信息的需求，还可避免重要信息丢失或被盗取。

（5）良好互动性。智能配电网可建立双向互动的服务模式，客户可以实时了解供电能力、电能质量、电费状况和停电信息，合理安排电器使用；供电公司可以获取客户的详细用电信息，为客户提供更多的增值服务。

1.2.2.2　智慧营销

　　为了推动电网发展，提升服务水平，智慧业务大厅综合解决方案基于"以客户服务为中心"的理念，将移动互联网、物联网、云计算、4G 等技术应用到业务服务之中，建设"渠道多、办事易、效率高"的综合服务体系，为客户带来全新的服务体验，提高了客户对供电公司的服务满意度。第一，客户可以选择以下任意服务渠道来办理业务，各种渠道互联互通、数据实时同步，如掌上电力、电 e 宝、95598 网站、自助服务终端、传统窗口服务；第二，客户享受到"预约、排队、办理、缴费、取单、评价"办理流程的"一条龙"优化服务，真正做到等待时间短、办事效率高、服务体验好；第三，移动互联网技术的发展，使得供电所与客户互动更加便捷，如客户可通过即时消息、语音等多种互动交流方式，对办理事项进行咨询；系统提供待办事项、办理完结事项、重要事项提醒的主动告知和推送；第四，通过智能大厅管理系统对大厅的运行状态进行实时监控，方便管理人员进行现场情况的处置，如：

　　（1）网上预约服务，预约服务系统使得客户能够提前对办理的事项做出预处理，避免因准备不充分而浪费时间，从而有效地提升了办事大厅的服务效率。

　　（2）业务办理服务，平台的业务办理系统，需要与柜台的业务系统进行数据对接，为客户提供自助填表、自助申报、进度查询等功能。掌上办事大厅、自助服务系统与柜台业务系统的数据完全同步。

　　（3）在线支付服务，系统集成了银行卡支付、支付宝支付、微信等多种支付平台，客户办理业务时可以选择其中的任何一种支付方式进行费用支付。

　　（4）服务评价服务，通过服务评价系统，系统能够自动收集客户的服务意见，这些数据能够有效提升大厅的服务品质，同时这些数据也可作为大厅服务人员绩效考核的依据。

　　（5）统计分析服务，统计分析系统实现服务数据的有效分析，对于决策者优化服务流程，改善服务品质提供依据。

　　（6）在线互动服务，在线互动系统将客户与服务机构有效的连接起来，跨越时空、跨越地界、实时交互，客户的诉求能够得到及时的响应，让客户感觉到服务无处不在。

　　（7）消息推送服务，平台支持消息推送技术，业务办理的状态、结果可以通过消息中心推送至移动终端告知客户，便于客户能够及时准确地了解其业务办理的进程，并能及时查看其结果，并免去了短信资费。

1.2.2.3　智慧节能

能源紧缺、环境恶化和能源管理效率低下，已成为全球面临的最大问题。要做到企业利润的稳步增长和社会经济的可持续发展，对企业进行能效系统优化、电网质量治理已经迫在眉睫。"智慧节能"以能源管理智能化为核心，以有效的科技手段实现安全、有序、节约使用能源。通过对城市现场各类智能传感器、仪表和终端设备等采集电、水、气、油、煤、汽等各类能源形式的从供应到使用的"流转"全过程的测量和采集。使城市改善能源消耗方式，促进节能降低费用，为实现低碳发展打下坚实的基础。

通过智慧节能的建设，可以带来的价值包括：制定合理能耗管理、改善能源消耗方式、提高能源使用安全、优化能源产业结构。智慧节能的建设内容可分为以下方面：一是国家（地区）能耗管理系统。国家（地区）能耗管理系统主要包括国家级基础信息管理、节能减排指标完成率分析、决策支持管理、客户服务管理等功能，实现国家重点能耗区域、单位节能客户的精细化管理和考核；二是城市（区域）能耗管理系统。城市（区域）能源管理系统主要包括数据采集、数据监测和综合分析诊断等功能，硬件设备主要包括采集仪表、网关、服务器等。数据采集网关采集实时能耗数据，如电、水、气、冷热量等，通过有线或无线的方式传输到主站中心，完成数据存储、整理和分析，实现实时监测并将数据上传。

1.2.2.4　智慧运检

智慧运检，即电网智能化的运维检修，它是电网未来运维检修发展的重要方向，同时，它也需要积极适应"互联网＋"智慧能源的发展要求。作为电网企业核心业务单元之一，在保障电网设备安全健康、支撑大电网安全运行等方面发挥了重大作用。着眼于推进全球能源互联网和运维检修专业发展、响应"互联网＋"智慧能源的要求，未来智能化"运检"需要积极主动适应"互联网＋"和智能电网发展，深化智能化发展模式，推动现代信息通信技术、新兴智能技术与电网企业运维检修的高度融合，重点推进设备状态信息实时感知、离散式数据采集与传输、海量运维检修大数据挖掘分析，从而实现对"运检"资源的优化配置，并进一步加强上下游供应商与专业检修企业等信息对接，打造相关生态体系。此外，运维检修数据融合、挖掘应用水平存在提升空间，对海量数据的分析应用、挖掘诊断力度仍可加强。

从发展任务来看，国家发展改革委员会与能源局 2016 年 3 月下发《关于推进"互联网＋"智慧能源发展的指导意见》（发改能源〔2016〕392 号），简称《意见》。《意见》提出的推动能源与信息通信基础设施深度融合、发展能源大数据服务应用、营造开放共享的能源互联网生态体系等任务，进一步明确了未来智能化运维检修发展方向。从《意见》提出的具体任务与发展目标来看，未来能源互联网建设将呈现出层次分明的特点：第一个层面是能源物理网络等基础设施的建设与接入；第二个层面是能源和信息融合，实现信息系统与物理系统的高效集成和智能化调控；第三个层面是搭建应用平台，推进大数据服务应用，开展信息挖掘与智能预测等业务，创新并完善能源大数据的业务体系；第四个层面则是搭建完备的生态体系，重在鼓励引导产业链上下游利益相关方灵活自主地积极参与，促进能源互联网下的商业模式创新。

从发展目标来看，未来智能化"运检"需要适应"互联网＋"智慧能源的发展方向，实现运维检修的数字化、智能化、生态化。可以从以下方面着手：推动物联网、云计算、大数据、智能控制等与"运检"技术嵌入融合，全面建成立体化的"智能运检"体系，实现对电网设备的实时感知、在线监测、科学预警、智能诊断；构建动态交互式的智能化"运检管控"决策平台，实现资源优化配置与快速响应；推进电网企业内部设备从源头至末端全过程数据贯通、安全共享和业务协同，充分利用大数据分析技术，深入挖掘电网设备改造、故障等数据与 95598 营销数据以及物资采购中设备供应商、产品批次等数据信息；推动形成涵盖设备供应商、专业检修商、中间服务商、租赁服务商等主体生态系统，加快各种形态商业模式创新；

从重点方向来看，第一，围绕数据信息源头接入，要基于物联网技术实现智能设备信息互联互通与接入；第二，围绕数据信息采集，要推进信息系统与物理系统的高效集成，实现设备状态、通道环境实时感知与在线监测；第三，面向数据信息处理与应用，通过大数据挖掘分析，实现智能化的决策调控；第四，利用新兴技术实现运维检修工作智能化，提高运维效率；第五，围绕生态系统建设，以"运检"为枢纽，构建涵盖多方主体参与的生态体系，推进商业模式创新，例如，结合智能监控、故障诊断、状态运维，并不断积累大数据进行机器自主学习，进一步向上溯源，指导前期设备选型，实现从资产的开发到维护和使用等全过程管理的闭环。

1.2.3 建设的原则和基本思路

供电所变革与创新发展要坚持：一是依托信息技术的应用，坚持效率优先原则，即以客户为中心，优化乡镇供电所作业组织形式，应用"互联网＋"技术，推进乡镇供电所"营配"业务末端融合，建立更加高效的农村供电管理和服务模式；二是坚持因地制宜原则，即综合考虑地区地理环境、农网规模、队伍状况以及业务需求等因素，差异化地设置乡镇供电所，满足新型业务发展需要；三是坚持规范运作原则，即建立健全适应"全能型"乡镇供电所业务制度、标准和流程，强化关键业务环节的监督和制约，防范安全、廉政和服务风险。智慧全能型供电所建设的具体路径如下。

1.2.3.1 优化乡镇供电所班组设置

乡镇供电所一般设置内勤班和外勤班两类班组。内勤班、外勤班员工较多的，在满足班组设置有关规定的前提下，可分设为"内勤一班""内勤二班""外勤一班""外勤二班"等多个平行班组。实行乡镇供电所＋供电服务站模式的，供电服务站按照外勤班组设置。内勤班主要负责乡镇供电所综合管理、所务管理等综合性工作及营业厅业务咨询与受理、三库（表库、备品备件库、工器具库）管理、供用电合同管理、系统监控和分析等所内作业。外勤班主要负责配电设施巡视、运维检修、故障抢修及装表接电、用电检查、计量和用电信息采集设备运维、核（补）抄表和催费、客户用电现场咨询、停电通知；安全用电管理和电力设施保护；设施设备以及客户信息管理和维护；属地协调等现场工作。

为了加快末端融合，实行营配合，首先要优化供电所的机构设置，将原生产、营销和服务等班组整合为综合班和营配班，如综合班配置班长 1 人、综合柜员 1 人、业务受理员 2 人，在开展业务咨询、受理、查询、缴费等传统营业厅业务的基础上，做好电能替代、电子渠道新业务推介工作，并为"营配"班组提供数据分析、指标监控和服务信息支撑等；"营配"班配置班长 1 人、台区经理 5 人，实行集低压运维、设备管理、台区管理和客户服务为一体的台区经理制，台区经理是客户服务及设备维护管理的第一责任人。其次，建立内外勤班组工作协同机制，相互支撑、协同配合、安全互保，确保各项业务响应处置及时。

1.2.3.2　构建网格化供电服务模式

乡镇供电所外勤班人员全面实行集农村低压配电运维、设备管理、台区营销管理和客户服务于一体的"台区经理制"，每个台区配置"台区经理"，形成以"台区经理制"为基础的农村供电服务新机制。建立网格化服务新模式，根据客户数量、地理位置、线路长度等情况，将供电辖区划分网格，每个网格设一名台区经理。按照"专业互促、优势互补、合作互助"的方式，台区经理相互交叉"结对子"，组成服务小组开展协同服务。

台区经理要严格遵循"首问负责制""首到责任制"，客户服务响应和抢修工单的派发、处置按照"就近响应、协同跟进、现场对接、共同处置"原则组织实施，将管理末端转变为服务前端，切实发挥"台区经理"在乡镇供电服务中牵头、协调、沟通、联系的纽带作用。以"互联网＋营销服务""互联网＋配电运检"为支撑，推广应用台区经理移动业务终端，实现客户服务、低压配网运维日常业务的智能化管理、可视化监控和信息化调度。供电服务网格内的台区经理相互支援配合，协同开展工作，实现人员互为支撑，工作有监护、质量有监督。实施初期，人员素质暂时达不到"全能型"要求的，可按照配电运维人员、营销服务人员"1＋1"组合方式配备"台区经理"。

1.2.3.3　推进乡镇供电营业厅综合能力提升

拓宽乡镇供电所营业厅受理和直接办理业务范围，推行营业厅综合柜员制，建立健全以客户需求为导向的内部协调沟通机制，融合业务咨询、受理、查询、缴费等职能，建设"全能型"服务窗口，实现"一口对外"服务和"一站式"服务。推动乡镇供电所营业厅由传统业务型向体验型转变，通过优化营业厅功能设置、升级硬件设备设施、完善业务渠道等措施，着力打造智能化、体验型的实体营业厅，使其作为线上服务的线下体验和补充，成为供电企业吸引客户、拓展市场的前沿阵地。积极推广"互联网＋"线上服务，因地制宜试点实体营业厅向业务自助办理、家用电器现场体验等综合服务模式转型；开展用电节能知识宣传，引导农村用电客户接受业务线上办理、电子化缴费、远程费控、电子化账单等新服务。

首先，推进营业厅转型升级，打造智能化、体验式营业厅，由传统服务型向客户体验型转变，变单一服务为综合服务；推广"互联网＋"营销服务，指导客户自助办理业务；体验大厅开通 Wi-Fi，方便客户下载及应用掌上电力 APP、电 e 宝等线上服务项目，宣传节能用电知识，开展智能缴费、电子化账单等新服务。其次，实行综合柜员制，综合班组设置集合业务咨询、受理、查询、引导、缴费等于一体化服务的综合柜员，推广电 e 宝、银行卡代扣、远程费用控制等业务；在自助服务区，业务受理员引导客户在自助服务终端上办理业务，交纳电费；在电能替代展示区，业务受理员通过综合性展示，为客户普及电能替代知识，让客户直观地了解智能电力的优越性。

1.2.3.4 培养一专多能的员工队伍

加快乡镇供电所复合型员工的培养，梳理乡镇供电所的岗位工作职责和工作标准，编制"营配"业务融合的规章制度"一本通"和新形势下乡镇供电所的岗位培训教材，采用集中培训与岗位培训、技能比武、实操训练相结合等方式，补齐专业知识和技能操作短板，提高岗位培训的针对性、实效性，着力建设适应"全能型"乡镇供电所工作要求的员工队伍。

1.2.3.5 全面支撑新型业务推广

开拓电能替代市场。宣传电能替代技术，深入开展"电网连万家、共享电气化"主题活动，利用农村集会，开展"电网连万家、共享电气化"宣传活动；在营业厅进行电采暖、冷暖风机等电器展示，推广清洁能源；在供电所屋顶建成分布式光伏发电站，在院内设立若干个交流充电桩，示范引领，培育电动汽车市场和分布式电源市场；大力宣传推广绿色能源，主动服务分布式能源接入和后续服务。

支撑国家电网电子商务业务发展。建立常态化电子渠道推广机制，加快推广"电 e 宝"企业电费代收、居民电费代扣、"扫码支付"、电子账单、电子发票等功能应用。在具备条件的地区，以电力交费服务为基础，拓展"水、气、热"代抄代收、"交费盈""活期宝"等服务和产品；针对分布式光伏客户，开展"电 e 宝"上网电费及补贴的资金结算。

1.2.3.6　加强基础设施建设

要加大乡镇供电所的基础设施投入的力度，加强供电所办公及生活环境建设，按照供电所办公用房建设标准，因地制宜建设供电所办公及生活环境，满足办公及生活需要。按照标准建设供电所工器具库、备品备件库、计量器具库。加强培训室建设，为培育"一专多能"的员工队伍提供培训场所。优先保证乡镇供电所生产服务用车、办公计算机、信息通信网络以及工器具的标准化配置。

1.2.3.7　推进全员绩效管理

以"优劳优酬"为导向，实行任务指标量化、绩效薪酬挂钩的考核激励。一是与内外勤班员工签订绩效合约；二是每年评选"全能型员工"，入选者给予一定精神和物质奖励；三是推行指标考核制，以台区为单元，开展指标对标，对标的结果按月公示，并纳入台区经理考核，实现绩效二次考核分配；四是依托"台区经理"制和综合柜员管理模式，建立由日常管理和月度指标组成的考核体系，强化"首问负责制""首到负责制""一口对外""一站式"服务执行考核，打破"均码"管理，实现多劳多得。

2

业 务 管 理

近年来各行业都兴起了协同思想，它辅助多人多组织共同完成管理事务，通过工作计划软件来优化业务流程，加强以知识为主的信息共享与沟通，来提升人员的工作效率，增强工商企业和政府机关等应用单位的管理执行力。协同软件在文档、行政、人事、项目、客户、财务、物流、生产等管理方面有广泛应用，协同办公、协同政务、协同商务是其主要综合应用方案。协同业务有三个显著的特征：第一是以"人"为中心，以"人"为根本的元素和出发点来设计和构造应用方案；第二是以"组织行为"为管理根本，即对组织行为中的"角色、事件、资源、流程、规则、状态、结果"等要素进行管理；第三是以管理组织中占信息总量 80%的"非结构化"信息为重点。在"中学为体、西学为用"的原则上，协同思想有机地把西方科学的管理方法与深厚的中国文化相融合，创造出一种"情、法、理"和谐统一的协同管理新境界。

 2.1 管理机构设置

为贯彻落实《国家电网公司进一步加强乡镇供电所管理工作的若干意见》[国家电网办（2017）78 号]、《国网营销部关于印发 2017 年"全能型"乡镇供电所建设的工作意见》[营销农电（2017）16 号] 及《国网湖北省电力公司关于印发"全能型"乡镇供电所建设工作实施方案的通知》[鄂电司农（2017）6号]，国网宜昌市高新区供电公司开展智慧全能型供电所机构改革，实施管理机构扁平化。

2.1.1 岗位与班组设置

根据《国网湖北省电力公司加强乡镇供电所人力资源管理实施方案》（鄂电司人资〔2017〕44 号）文件精神，结合国网宜昌市高新区供电公司的实际情况，智慧全能型供电所设置如图 2-1 所示的二层管理架构。

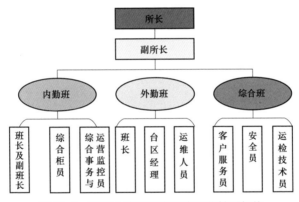

图 2-1　智慧全能型供电所扁平化管理机构

2.1.1.1　设置所长、副所长

供电所所长一般按照股级配置，对于规模较大，重要性较高的供电所，按副科级配置，若党员数量符合规定的供电所建立了党组织，并配置兼（专）职书记，且参照供电所所长级别管理；本公司全能供电所特设立副所长 1 名，协助所长管理日常生产，重点负责智慧全能供电所改革事宜。

2.1.1.2　设置综合班

综合班设置客户服务员、安全质量员和运检技术员等岗位，负责承担电网建设、安全管理、指标管控、培训后勤、绩效管理、党务工团等管理职能；负责营业厅管理；负责对上"承接"县公司专业化管理要求，对内开展对高压供电服务班和低压供电服务班的专业管理和业务指导。

2.1.1.3 设置外勤班

外勤班设置班长、台区经理、运维人员等岗位，主要负责设备巡视、运维检修、故障抢修及装表接电、用电检查，计量和用电信息采集设备运维、"核补抄"和催费、客户用电现场咨询，停电通知，安全用电管理和电力设施保护，以及客户信息管理和维护，充电、光伏发电等受托设施运维，属地协调等现场工作，内设班长，台区经理，运行维护员。

2.1.1.4 设置内勤班

内勤班设置班长、副班长兼综合柜员、综合事物与运营监控员等岗位，主要是做好内部事务，包括综合管理、营业厅业务、表库管理、运营监测等；主要负责乡镇供电所营业厅综合管理业务、三库（表库，备品备件，工器具室）管理，供用电合同管理，负责信息的末端融合，系统监控和分析，协调外勤班派单，调度，督导，反馈。

综上所述，班组不再以专业划分，供电所的各类外勤事务纳入一个班组，打破专业壁垒，建立了营配业务融合的综合性班组；内勤班与外勤班既有分工、又有协作，既互为支撑、又相互监督。内勤班是中枢大脑，提供后台支持、数据支持、解决方案和供电服务信息等，并监督外勤班工作质量；外勤班是供电所的多能触角，收集客户用电需求、供电设施状况等现场信息反馈到内勤班。

2.1.2 供电所人员及岗位职责

根据各班组的具体岗位及其对应人员划分职责，包括所长及副所长、综合班、外勤班和内勤班，分别设计 11 项岗位职责，分别阐述如下。

2.1.2.1 所长及副所长岗位职责

（1）所长岗位职责：
- 贯彻执行国家和上级颁发的有关法律法规、政策、标准；
- 负责组织学习上级下发的各类重要文件、通报，并进行分析讨论，布置落实相关责任班组和责任人；
- 负责组织制定供电所年、月、周工作计划，经批准后组织实施；
- 负责组织签订年度全员安全生产责任书，全力完成年度安全生产目标，确保不发生各类事故和工作差错；

- 负责组织开展员工绩效考核,按照工作计划和任务对员工年度、月度绩效进行考评;
- 负责组织开展工作,努力完成上级下达的各项考核指标;
- 负责组织开展班组建设工作;
- 负责与当地政府沟通和对接;
- 负责组织落实优质服务和行风建设工作;
- 负责组织完成上级领导交办的其他工作,负责组织编制年度检修和技改计划,并做好完成情况统计上报;
- 负责组织开展对所辖电网规模及运行情况分析,做好电网建设的规划工作;
- 负责参与制定重大、复杂工程的技术方案,对存在问题,提出改进建议;
- 落实相关电网工程管理工作,做好配网建设改造的属地管理工作,配合做好工程管理工作,组织工程竣工验收和参与预决算工作;
- 负责组织对外施工队伍的管理、监督、评分工作;
- 负责组织开展各类生产系统的应用、维护,做好"营配贯通"业务,确保相关生产指标的提升,加强生产和营销在停电管理、故障抢修、设备异动信息等业务协同。

(2)副所长岗位职责:
- 传达贯彻上级专业管理要求,分解落实专业工作任务;
- 负责组织对供电所营销各专业指标、工作落实完成情况进行检查,每月进行总结分析,提出绩效考核建议;
- 负责组织开展辖区内用户抄表收费、计量装接、用电信息采集系统建设和运维工作;
- 负责组织开展营业厅日常管理工作;
- 负责组织落实 0.4kV 用户的业扩报装全过程业务;
- 负责组织开展 0.4kV 用户用电检查、供用电合同管理、用户基础信息维护等工作;
- 负责组织开展电能替代项目、电动汽车"充换电"业务、分布式电源等新型业务;

- 负责组织开展线上报装、缴费、体验、互动等"互联网＋"营销服务的推广应用；

- 负责组织开展优质服务营销类投诉管控工作；

- 协助所长开展线损分析、理论线损计算、同期线损治理及整改、考核工作；

- 协助所长开展"营配贯通"业务平台建设应用，做好相关指标的管理工作；

- 完成所长交办的其他工作。

2.1.2.2　综合班岗位职责

（1）安全员岗位职责：

- 贯彻执行国家和上级颁发的有关法律法规、政策、标准及相关规定；

- 负责劳动防护用品、安全"工器具"、安全防护用品的管理工作；

- 负责落实安全生产责任制，组织签订安全责任书；

- 负责对班组开展例行安全检查，开展反违章自查自纠工作；

- 负责指导和监督本所生产作业活动，落实生产作业的风险预警措施；

- 负责组织职工学习最新的安全动态和安全信息，开展安全教育、安规考试；

- 负责组织开展电力设施日常巡查与安全隐患整改，指导、汇总、统计、分析本所事故隐患排查治理情况；

- 负责组织开展安全性评价相关工作；

- 完成所长、副所长交办的其他工作。

（2）运检技术员岗位职责：

- 贯彻执行国家和上级颁发的有关政策、法律法规、标准和公司的相关规定；

- 负责制定技术培训计划，组织开展运维检修技术培训、技术指导；

- 负责指导、检查和督促班组基础管理工作和运维检修类信息系统的应用；

- 负责管理设备台账、设备试验、图纸资料等，督促技术档案的收集、整理、归类；

- 负责组织开展供电可靠性管理、无功电压管理工作，完成上级下达的考核指标；
- 负责组织开展新技术、新工艺和新设备的推广应用；
- 负责组织检查施工单位及各班组的施工、检修、运行工作质量；
- 负责组织开展科技攻关、QC 小组等活动的策划和实施；
- 负责组织开展状态评价管理，落实配网设备状态检修工作；
- 负责协助副所长做好运检各类指标的管控；
- 完成所长、副所长交办的其他工作。

（3）客户服务员岗位职责：

- 贯彻执行国家和上级颁发的有关政策、法律法规、标准和公司的相关规定；
- 配合所长进行年度营销考核指标分解，提出管控和实施建议，进行技术指导，制定年、月度工作计划；
- 负责本所低压用户业务扩展流程管控，对业扩报装的现场查勘、供电方案进行编制和审核、配套工程项目报送、中间检查、竣工验收、装表接电等进行业务、技术指导；
- 负责组织本所低压用户的用电检查和营业普查，指导"台区经理"规范开展用电检查，指导进行窃电、违约用电处理，做好电费、电量退补方案，负责系统退补处理；
- 负责台区经理完成计量装置和采集设备装拆及计量装置故障、计量异常、差错处理工作，配合客服核实退补电量电费方案，并完成系统审批、退补工作；
- 负责指导"台区经理"和"运维人员"开展光伏、充电桩、电能替代等新型业务；
- 负责指导、落实上级下达的各项其他任务，如费控、APP、电 e 宝、营销移动 PDA；
- 负责做好优质服务，处理答复用户来电、来信、来访和各种咨询、意见、投诉工单；
- 负责协助所长做好营销稽查工作，完成各项稽查的统计、上报工作；

● 完成所长、副所长交办的其他工作。

2.1.2.3 外勤班岗位职责

（1）外勤班班长岗位职责：

● 贯彻执行国家和上级颁发的有关法律法规、政策、标准和公司相关规定；

● 负责组织本班组完成各项生产任务和考核指标；

● 负责组织开展班组建设；

● 负责组织开展班组工作完成情况和工作质量的检查和考核；

● 负责组织开展低压业扩、电费抄核收、用电检查、装表接电、优质服务等工作；

● 负责组织开展低压供电设备的运行维护、巡视、检修\缺陷管理及消缺工作管理；

● 负责组织开展低压供电设备的故障抢修任务；

● 负责组织开展电能替代、电动汽车充电换电、服务分布式电源用户、推广电子服务渠道应用等新型业务；

● 完成所长、副所长交办的其他工作。

（2）台区经理岗位职责：

● 贯彻执行国家和上级颁发的有关法律法规、政策、标准和公司相关规定；

● 负责做好分管台区的运行管理工作，确保台区台区、设备安全运行；

● 负责做好分管台区的周期巡检、维护和一般故障处理（可单人工作的），按时上报缺陷内容，负责按计划进行消缺，做好管辖台区年度检修计划、月度停电检修计划的上报，并组织实施故障抢修；

● 负责分管台区的低压电网新建、改造项目的需求申报工作，参与管辖台区的电网规划、查勘、设计等工作，管理工程的施工、验收，完善该工程基础资料及递交；

● 负责值班、抢修工作，参与故障分析、处理等工作；

● 负责管辖台区用户业扩报装的查勘、装表接电，以及检查、营业普查及反窃电工作；

● 负责完成管辖台区定期补抄、"周期核抄"及电费回收、催缴和欠费停、复电工作；

● 负责完成管辖台区的计量装置和采集设备装拆及异常核查工作，可由其他台区经理协助完成，遇大批量轮换时可统筹安排；

● 负责搜集、完善管辖台区用户基础信息，完成管辖台区用户的供用电合同签订工作；

● 负责管辖台区的低压线损管理工作；

● 负责完成上级下达的各项其他任务，如费控、APP、电 e 宝等；

● 完成所长、副所长、班长交办的其他工作。

（3）运维人员岗位职责：

● 负责辖区配电网设备运维、消缺工作，建立健全设备台账、图表；

● 严格执行供电所生产工作任务和计划；

● 负责供电所 10kV 以下配电网施工及故障抢修作业；

● 参与配电网新建和改造工程的验收投运交接工作，填报相关记录；

● 负责辖区配电网设备电力设施保护及属地运维工作；

● 负责台区及低压客户三相计量装置安装维护工作；

● 负责生产抢修车辆使用及保养；

● 按时完成上级交办的工作任务。

2.1.2.4 内勤班岗位职责

（1）内勤班班长岗位职责：

● 负责制订供电所营销工作计划，报所长审批后组织实施；

● 负责供电所计量装置管理、线损管理工作；

● 负责供电所营业厅日常业务管理；

● 负责供用电合同管理及用电业务受理、咨询；

● 负责经营分析及营销工作计划小结；

● 负责业务范围内基础资料建立和管理工作；

● 负责本班组员工日常业务指导、培训、考核管理工作；

● 负责供电所四库及物资仓库管理；

● 负责工会、食堂、环境卫生的督导及检查；

● 负责绩效考核、信息报道的督导及按时上报；

● 负责各类信息系统按时登陆、数据上报的督导；

- 负责协调本供电所内外部关系；
- 负责供电所计量装置管理、线损管理工作；
- 负责新建与改造配电设施的验收投运交接、台账更新及 PMS 系统维护工作；
- 负责采集终端设备的调试、运维；
- 配合所长做好供电所员工培训工作；
- 按时完成上级交办的工作任务。

（2）内勤班副班长岗位职责：

- 负责制订供电所营销工作计划，报所长审批后组织实施；
- 负责供电所计量装置管理、线损管理工作；
- 负责供电所营业厅日常业务管理；
- 负责供用电合同管理及用电业务受理、咨询；
- 负责经营分析及营销工作计划小结；
- 负责业务范围内基础资料建立和管理工作；
- 负责本班组员工日常业务指导、培训、考核管理工作；
- 负责供电所四库及物资仓库管理；
- 负责绩效考核、信息报道的督导及按时上报；
- 负责各类信息系统按时登陆、数据上报的督导；
- 负责协调本供电所内外部关系；
- 配合所长做好供电所员工培训工作；
- 按时完成上级交办的工作任务。

（3）综合柜员岗位职责：

- 负责辖区配电网设备运维、消缺工作，建立健全设备台账、图表；
- 严格执行供电所生产工作任务和计划；
- 负责供电所 10kV 以下配电网施工及故障抢修作业；
- 参与配电网新建和改造工程的验收投运交接工作，填报相关记录；
- 负责辖区配电网设备电力设施保护及属地运维工作；
- 负责台区及低压客户三相计量装置安装维护工作；
- 负责生产抢修车辆使用及保养；

- 按时完成上级交办的工作任务。

（4）运营监控岗位职责：

- 负责供电所综合监控平台的日常管理；
- 向各班组以工单形式派发工作任务，对完成情况进行督办、汇总、上报；
- 根据工作需要编制各类报表并定期公示；
- 负责营业厅视频监控管理；
- 负责供电所四库及物资仓库管理；
- 负责业务范围内基础资料建立和管理工作；
- 负责采集终端设备的调试、运维；
- 负责工会、食堂、环境卫生的督导及检查；
- 负责各类信息系统按时登陆、数据上报的督导。

2.1.3 综合班班组职责

2.1.3.1 电网建设（对接发基部、运检部）

（1）负责检查施工单位及各班组的施工、检修、运行工作质量；

（2）协助开展状态评价管理，落实配网设备状态检修工作；

（3）协助技术员对所辖电网结构及运行情况，分析存在问题，做好电网建设的规划工作；

（4）协助技术员落实可靠性管理制度，监督工作计划刚性执行情况，提高供电可靠率；

（5）参与制定重大、复杂工程的技术方案，对存在问题提出改进建议；

（6）协助编制年度检修、技改、"反措"计划，并做好完成情况的统计上报工作；

（7）协助做好工程管理工作，参与工程竣工验收；

（8）协助开展线路、配电装置的评级工作，不断提高设备健康状况。

2.1.3.2 安全管理（对接安监部）

（1）协助完成劳动防护用品、安全"工器具"、安全防护用品、物资材料的管理工作；

（2）负责对班组开展例行安全检查，开展反违章自查自纠工作；

（3）指导和监督本所生产作业活动，落实生产作业的风险预警措施；

（4）协助组织职工学习最新的安全动态和安全信息，开展安全教育、"安规"考试；

（5）协助开展电力设施日常巡查与安全隐患整改，指导、汇总、统计、分析本所事故隐患排查治理情况；

（6）协助开展安全性评价相关工作；

（7）负责消防安全隐患排查治理工作，及时发现火灾隐患并提出整改措施，开展消防安全宣传教育和培训；

（8）负责对驾驶人员日常交通安全教育，对使用车辆的车况进行日常检查；

（9）依据治安保卫管理制度，落实班组开展防盗、防火、防破坏、防自然灾害事故等工作，负责开展应急演练，评估并改进应急预案；

2.1.3.3 营销业务（对接营销部）

（1）负责开展用电检查、供用电合同管理、客户基础信息维护等工作；

（2）协助做好用电采集系统建设和运维工作；

（3）配合"台区经理"完成各类电费、电量退补工作，表计烧毁、校验不合格、电量突变、违约用电、窃电、其他政策性退补等；

（4）配合班长做好台区线损治理工作；

（5）完成上级下发的各类异常工单的分派、汇总、统计和上报工作；

（6）协助做好优质服务营销类投诉管控工作；

（7）协助开展线上报装\缴费、体验、互动等"互联网营销服务的推广应用；

（8）协助开展电能替代项目、开展电动汽车充电换电业务、服务分布式电源等各类新型业务；

（9）做好"营配贯通"工作，根据台区经理提交的查勘单和工作联系单及时修正图形数据；

2.1.3.4 培训后勤（对接人资部、办公室）

（1）协助开展安全技术培训工作，负责做好各类"调考"、技术比武、竞赛实施工作，提高员工综合业务素质。

（2）负责好供电所环境卫生、会务布置和食堂宿舍等管理工作。

（3）负责公共设施维修、维护，办公用品劳保用品的领用、更换等后勤管理工作。

2.1.3.5 综合事务与运营监控员职责

（1）负责综合业务管理平台的日常监控，负责各类异常工单的派发、跟踪处理；

（2）负责运维检修类业务系统的日常监视，做好"公用变压器"超过载、低电压等电网故障预警的跟踪处理和流程操作；

（3）负责营销类业务系统的日常监视，做好业务扩展流程、用电信息采集等各类异常的跟踪处理和流程操作；

（4）完成 95598 工单及外协工单的接收、派发、跟进、审核、反馈等工作；

（5）配合做好有关业务数据统计、报表编制工作；

（6）负责统计本所绩效考核、同业对标考核，考勤记录、人力资源信息等数据；

（7）协助做好全员绩效管理办法的制定修改与执行，负责全员绩效管理系统数据检查、统计、分析、上报；

（8）为员工绩效考核提供工作量、工作质量等方面的考核依据，并做好绩效看板的公布工作；

（9）配合分析梳理绩效考核结果，提出绩效改进建议，参与绩效沟通反馈并做好谈话记录；

（10）贯彻党的路线、方针、政策和法律、法规及上级党组织、行政决定、指示和工作部署；

（11）协助开展政治理论学习、宣传先进典型事迹，维护员工队伍稳定，协助开展行风监督和供电服务明察暗访行动，向上级提出监察意见和建议，做好民主评议行风参评工作；

（12）受理行风投诉举报，协助调查和处理违反行风建设规定的人员和行为；

（13）及时了解和掌握员工的思想动态及存在的问题，做好员工的思想政治工作，及时解决员工生活工作中的各种实际困难；

（14）协助创建"职工小家"，组织开展文体活动，构建和谐班组；

（15）配合各班组开展生产经营活动，确保各项工作的圆满完成。

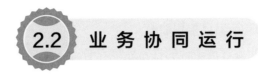

2.2 业务协同运行

国家电网公司提出了电网企业协同管理的理念、思路和目标，建立了以资源整合、纵向贯通、横向协同、系统集成、信息共享、高效运转为特征的"135"协同管理体系，国家电网公司在协同管理的实践中整体运营绩效不断提升，经济效益明显提高。

2.2.1 电网企业协同管理的理念、思路和目标

2.2.1.1 电网企业协同管理的理念

运用协同管理的核心理念，借鉴国际大型电网企业的最佳实践，以发挥公司全部业务链协同效应为导向，确立电网企业协同管理的基本理念。

（1）管理卓越。建立完善的现代企业制度和科学的集团管理体系，队伍素质好，自主创新能力和信息化水平高，企业软实力、社会影响力和国际竞争力强，是推进协同管理的出发点和落脚点。

（2）发挥全部业务链协同效应。在坚持服务党和国家工作大局、服务电力客户、服务发电企业和服务经济社会发展的基础上，实施企业机制改革，推进项目管理协同，对电网核心业务完整价值链实行集团化管控和专业化管理，是推进协同管理的工作重点。

（3）业绩优秀。安全、质量、效益指标在同业中领先，经济、社会和环境综合价值高，企业健康发展，社会贡献大，是检验协同管理效果的重要标准。

2.2.1.2 电网企业协同管理的工作思路

确立协同管理的工作思路，即搭建协同管理体系架构，夯实一个基础，建设一个平台，发挥五大协同，树立一个目标。其中，夯实一个基础是，以"AAAA"良好行为为抓手开展标准化建设，夯实协同管理的制度基础；建设一个平台是通过建设运营监控中心，打造24h即时在线的电网全部业务链的信息共享平台；发挥五大协同是在制度基础和信息平台的基础上，发挥内部组织协同、全部业务链的信息协同、核心资源协同、主营业务协同和项目管理协同；目标是实现

企业整体绩效的提升，将电网企业建成管理卓越、业绩优秀的现代公司，满足经济社会发展的需要。

2.2.2 电网企业协同管理的体系建设

聚焦建设世界一流能源互联网企业，守正创新、担当作为，打造"枢纽型，平台型，共享型"企业，建设运营好"坚强智能电网，泛在电力物联网"，即为"三型两网"发展战略。近年来，随着能源电力、云大物移智等技术的不断进步与应用，电力系统逐步向以"横向多能源互补、纵向源网荷储协调"为主要特征的能源互联网、综合能源系统发展，电网公司也提出向综合能源服务商转型的重大战略部署。在当前时代背景下，国家电网有限公司提出打造"枢纽型，平台型，共享型"企业、建设运营好"坚强智能电网"与"泛在电力物联网"就是为了向客户提供更安全、智慧、经济、便捷的综合能源服务，并最终建成世界一流能源互联网企业。

2.2.2.1 "三型两网"建设

"三型两网"是一个有机整体，"两网"是手段，"三型"是目标，两者是手段与目标的关系，即国家电网有限公司意在通过建设运营好"两网"实现向"三型"企业转型。

"枢纽型"体现电网公司的产业属性。电网公司是贯通发电侧与需求侧的中枢，是能源电力行业中能量流、信息流汇集最为密集的地方，建设运营好"两网"能够为发电侧出力的远距离传输、大规模新能源并网以及需求侧客户安全用电、综合能效提高提供有效支撑，从而凸显电网公司在保障能源安全、促进能源生产和消费革命、引领能源行业转型发展方面的价值作用。

"平台型"体现电网公司的网络属性。未来的国家电网是具有全球竞争力的世界一流能源互联网企业，将以"坚强智能电网"和"泛在电力物联网"为支撑，汇聚各类资源，促进供需对接、要素重组、融通创新，打造能源配置平台、综合服务平台和新业务、新业态、新模式发展平台，使平台价值开发成为培育电网公司核心竞争优势的重要途径。

"共享型"体现电网公司的社会属性。通过建设运营好坚强智能电网和泛在电力物联网，支撑电网公司与客户及其他主体的信息互动、技术交流与业务合作，共同打造共建共治共赢的能源互联网生态圈，实现电网公司与客户及其他主体的数据共享、成果共享与价值共享。建设"坚强智能电网"的着力点是在供给侧，支撑能源供给侧改革。通过特高压骨干网架进行电力的大规模、长距离稳定输送，解决三北、西南的风、光、水清洁能源消纳问题；通过智能配电网支撑间歇性分布式电源的有效并网，解决分布式电源协调利用困难问题。以上两种方式将是我国当前乃至未来一段时间内都将以为主的电力资源优化配置手段。

建设"泛在电力物联网"的着力点是在系统"源—网—荷—储"各环节末梢，支撑数据采集和具体业务开展。通过广泛应用大数据、云计算、物联网、移动互联、人工智能、区块链、边缘计算等信息技术和智能技术，汇集各方面资源，为规划建设、生产运行、经营管理、综合服务、新业务新模式发展、企业生态环境构建等各方面，提供充足有效的信息和数据支撑。

2.2.2.2　搭建运营监控平台，推进全部业务链的信息协同

全部业务链的信息协同是信息化在协同管理中的应用。国家电网有限公司构建覆盖电网核心资源和主营业务全部价值业务链，开展全天候全方位、全流程综合管理的运营监控中心，为实施协同管理提供一体化信息集成平台。建设两级运营监控中心是国家电网有限公司加快建设"世界一流电网、国际一流企业"，以及"三集五大"工作全面开展的大背景下提出的，是国家电网有限公司发展战略中的一项重要工作。

国家电网有限公司提出"一个平台、两级应用"和"发现问题、挽回损失、创造价值、提升管理"的工作思路，推进运营监控中心建设。成立运营监控中心筹备组，遵循"实用、实效"和"一体化"规划、"标准化"建设的原则，设计了内部协作、横向协调、报告报送、纵向管控等工作机制；组织信息化专家团队，完成由系统组件、系统集成、系统逻辑和物理部署、系统安全构成的技术架构设计；联合部分业务部门及系统厂商，开展数据溯源和信息系统数据支撑情况的调研，梳理指标数据项，针对系统中无法提取的数据，编制手工数据收集模板，完成手工数据的收集工作；利用结构化数据、非结构化数据和空间地理数据，构建了公共数据资源池、数据仓库和数据集市，完成涵盖客户、产品、市场、设备、电网、安全、财务、资产、人员、物资、项目、综合主题

域和数据实体，以及公共信息模型。通过中心数据区、业务流程数据区、运营监测数据区、非结构化数据区、空间数据区的数据流转和共享，为两级运营监控中心提供数据支撑，如图 2-2 所示。

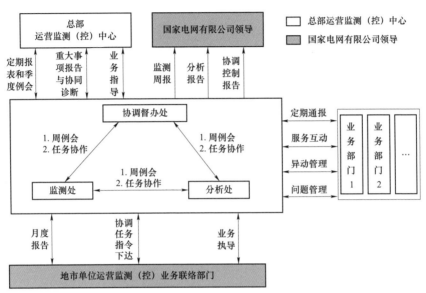

图 2-2　国家电网有限公司运营监控中心信息协同运行机制

国家电网有限公司以运营监控中心为纽带，建立和完善各部门之间、本部与基层之间、各专业之间的信息共享、沟通协作、重大事项协调、突发事件联动的协同机制，并通过中心的协调控制职能，及时、快速地协调相关职能部门针对问题、风险、异动做出反应，提前防控，打破专业信息壁垒，实现信息资源共享，增强了跨专业、跨部门协同能力。

2.2.2.3　发挥专业化管理作用，推进电网主营业务协同运作

（1）构建电网规划协同管理体系，推进电网规划全部业务链协同管理。国家电网有限公司以发展战略为指导，整合系统内电网规划资源与业务，突出规划引领、强化计划管控，建立公司统一规划、各专业相互协调、各类规划计划有机衔接的一体化电网规划协同管理体系。

在电网规划协同管理体系下，国家电网有限公司调整充实公司发展策划部履行规划计划管理职能，整合规划计划的统一和技术力量，成立规划评审中心

提供全面的技术支撑，实现国家电网规划核心业务的回归；强化各级电网规划之间的有机衔接，实现 0.4～500kV 电网从规划到计划、前期、统计、后评估的全部业务闭环管理和项目全寿命周期闭环管理，解决在电网规划方面存在规划业务缺乏有效的技术支撑和各专项规划无缝对接等问题。

（2）构建电网建设协同管理体系，推进电网建设全部业务链协同管理。国家电网有限公司通过梳理电网建设全部业务链流程，以统一管理流程、统一技术规范、统一建设标准为基础，加强建设职能管理、工程项目管理和建设队伍管理，构建了两级建设职能管理和两级工程项目管理的电网建设协同管理体系。

在电网建设协同管理体系下，国家电网有限公司基建部与供电局发展建设部分级履行市公司电网建设职能管理，市建设分公司和供电局建设公司，分电压等级对 35kV 及以上输变电工程建设过程专业化管理。电力科学院的规划评审中心、工程质监中心和"三个专家库"为公司实施建设职能管理提供支撑。在电力行业率先整合各类建设业务，推进大监理、小业主，深化标准化业主项目部建设，统筹生产工程、小型基建工程建设管理资源，提高了电网建设能力和质量。

（3）构建电网运行协同管理体系，推进电网运行全部业务链协同管理。国家电网有限公司以提升电网运行绩效，驾驭大电网的调控能力为目标，优化调度功能结构，转变调度业务模式，通过统筹公司电网调度和设备运行资源，构建了集中统一、权责明晰、工作协同、规范高效的电网运行协同管理体系。

在电网运行协同管理体系下，整合电网调度和变电运行资源，推进变电设备集中监控业务与电网调度运行业务的融合。实施 500kV 及以下变电站调控一体化，实现变电设备运行集中监控业务与电网调度业务融合；实施调度业务模式转型，前移技术支持业务关口，提高电网实时运行控制能力，解决了在电网运行方面存在变电二次设备技术融合与现场作业分割的矛盾，调度业务模式与电网运行特性之间的不适应等问题。

（4）构建电网检修协同管理体系，推进电网检修的全部业务链协同管理。国家电网公司以提高供电可靠性为目标，以生产精益化为重点，以技术管理创新为支撑，统筹公司人力、技术、装备资源，有效利用社会资源，构建检修专业化和运维一体化的电网检修协同管理体系。

在电网检修协同管理体系下，优化调整业务流程，整合超高压局和电网检修公司，组建成立检修公司，按电压等级由各级检修公司承担电网设备运维检修任务，成立电力科学院状态评价中心实施技术支撑。通过强化设备全寿命周期管理、提高供电可靠性，实施检修专业化和运维一体化，全面深化状态检修，实现公司范围内 35kV 及以上主要输变电设备专业化检修，解决了在电网检修方面存在传统业务分工过细和生产管理精益化之间的矛盾，在电力行业率先整合运行和检修业务，推进运维一体化，实现设备运维与检修职能合一、功能合一、能力合一。

（5）构建电网营销协同管理体系，推进电网营销全部业务链协同管理。国家电网有限公司以提升资源配置效率和供电服务能力为目标，全面整合营销资源，构建"客户导向型、管控实时化、服务协同化"的电网营销协同管理体系。在电网营销协同管理体系下，以客户为中心，建立 24h 面向客户的统一供电服务平台，形成以客户和市场为导向，计量检定配送、35kV 及以上大客户业扩报装、电费账务处理等业务向市公司集中的营销管理体系和 24h 面向客户的 95598 营销服务系统；形成快速响应市场及服务需求的客户服务"大中心"运作模式。形成完善的营销稽查监控体系和城乡统一的营销管理模式，在电力行业率先实现 35kV 及以上的业扩报装、面向客户的 95598 营销服务系统、电费账务处理、电能表计检定、营销信息系统建设运维等业务"五集约"，提升了服务水平和业务流转效率。

2.2.3 国家电网业务协同运行的实现做法

2.2.3.1 实现整体业务协同的流程体系建设内涵

结合企业发展实际，紧密围绕企业发展战略，以流程优化和改进为核心，应用先进管理理念和工具，建立动态、开放的、可持续改进的标准流程体系。

（1）突破传统的流程描述及管理方法，通过梳理流程相关要素，建立多维度标准流程体系，实现跨专业、跨部门、跨层级业务流程整体协调；

（2）形成基于业务流程的制度、标准体系，实现制度标准随组织、业务、管理目标变化动态管理，发挥管理合力；

（3）建立常态管理机制实现流程体系动态管理；

（4）通过流程绩效监控，构建闭环管理体系，促进体系持续优化，助推发展目标实现。

2.2.3.2 实现整体业务协同的流程体系建设主要做法

（1）构建完整的、可动态调整的业务流程管理体系。首先，流程架构顶层设计：

流程体系建设是标准体系建设基础。根据企业战略和业务特点，统一规划和设计流程架构。引进流程管理 AVE 方法论，将流程架构从宏观到微观划分为流程地图、流程区域、主流程和流程四个层级：

第一层为流程地图。借鉴迈克尔·波特价值链的理论和美国生产力与质量中心（APQC）的 PCF 流程分类框架，依据流程服务对象不同，将公司整体业务划分为核心、支撑、管控三类。

第二层为流程区域，按业务过程或业务类别细分。如物资采购将按业务过程细分，电网建设根据国家标准项目管理要求按专业细分。

第三层为主流程，按业务过程细分。如仓储配送细分为入库、保管、出库、配送、盘点等。

第四层为流程，按业务类别细分。对一系列有序业务活动进行规范。

其次，标准业务流程梳理：

采用 ARIS 平台作为流程梳理工具，建成覆盖各专业、各层级的标准流程体系。依据 EPC 流程建模标准—事件驱动的流程链，规范描述业务流程 5W1H 内容，实现工作流程、职责划分、管理要求等内容可描述、可操作、可分析、可衡量的要求。

（2）实施核心业务端到端流程优化，实现业务协调统一。针对核心业务及管理中的突出问题，对企业核心业务进行端到端流程设计，有效消除流程断点和制度盲点，实现整体业务流程贯穿和跨专业、跨单位、跨岗位协同，促进管理提升。例如电网基建与改造项目端到端流程整体优化从电网基建与改造项目需求提出到项目竣工验收的业务流程，实现不同专业之间管理内容的协同。实现档案管理与业务流程"同布置、同验收、同考核"，归档效率和案卷质量显著提升。

（3）以流程为核心实现多管理体系协同管理：

1）实现制度与流程的融合，强化制度执行力。将制度中的"程序"性条款拆分出来转化为流程中的一个环节；将制度中的"规则"条款拆分出来转化为流程环节中的具体"要求"。通过流程对制度内容进行检验，辅助制度评估分析，实现制度内容衔接度、制度与流程匹配度的有效监测，提升制度管理精益化水平。

2）建立流程角色体系，实现岗位和职责标准化。角色设计是从业务流程出发，设定人员责任、权利和限制的一种方法，是流程标准化的关键部分。按 RACI 原则设计角色，岗位是若干角色的组合。通过岗位关联角色、角色关联流程的方式，确保同一套流程在全公司范围内适用。

3）创新流程绩效管理，实现过程与结果并重的考核。创新绩效管理理念，构建覆盖公司全业务、全部岗位的流程绩效指标体系。从"效率、效益、质量、成本"四个方面，明确流程产出要求和流程改进点，将对最终结果的考评细化到形成过程。

4）融合全面风险管理规避业务执行风险。依据《企业内部控制应用指引》和流程架构，建立内部控制框架，以业务流程为纽带，实现风险与内控两大体系的直接关联。将风险点和控制措施匹配到流程环节，实现以风险管理为导向，以业务流程为纽带，以内控制度为保障，以监督评价为手段，以信息技术为支撑的内部控制管理体系，为企业持续健康经营提供坚强支撑。

（4）构建流程管理常态管理机制。基于企业流程管理需求，建立常态管理机制。明确流程、制度、岗位、风控、绩效等体系的管理界面，明确流程的制定、修订和废止条件和程序，明确流程与制度、标准、岗位、风控、绩效体系协同管理的要求。定期开展流程体系建设诊断、评估、检查、考核，持续优化改进流程，完善制度、标准、岗位、职责，确保基于流程的多管理体系长效运转、持续改进。

2.2.4 电网企业业务协同的实践原则

电网企业开展协同目的是追求"1+1＞2"的整体协同效应，追求整体效益的大化。但同时，集团的各个成员企业是具有独立的经济利益主体，在协同的过程中，必须坚持适度原则、利益共享等原则，以充分提高成员企业的参与积极性。

2.2.4.1 整体收益原则

"1+1>2"的整体协同效应是目的，也是协同的最基本原则。协同可以给企业创造价值，但同时也会产生成本，同时协同的过程中也会涉及资源及利益的再分配问题，处理的原则就是坚持整体收益最大化。

2.2.4.2 利益共享原则

协同行为对所有参与者都有利，才能真正调动起参与成员的积极性和创造性。具体实践中，协同取得效益不一定是成员企业个体的最优利益，但必须能给参与各方都带来价值，这样才有利于企业集团成员之间建立长期协同合作关系。

2.2.4.3 适度协同原则

作为电网企业的"协同"活动，不是"行政命令"，更不是所有的协同都需要电网企业去推动。"协同"中使动的主体和受动的主体要有"适应性"，适应自身企业实际、适应"QCDS"（品质、成本、交期、服务）的市场化运作原则。特别是针对适合自主推进的活动，集团应鼓励和推动成员企业自主积极开展，做到"有收有放"。

2.2.4.4 动态调整原则

协同机会不是静态的，会随着企业内外部环境条件的变化而动态变化。对协同机会的把握和具体实施方式，要做出动态调整，使整个电网企业获得持续性竞争优势。

2.2.4.5 适度激励原则

协同活动的推进，同各成员企业的日常经营活动相比有其特殊性，其综合性、跨领域、跨组织等特性，决定了在实践中不但要强调协同效益在成员企业间的利益共享，同时也要考虑参与协同项目人员的绩效激励问题，通过适度激励手段刺激和提高参与人员的积极性和创造性。坚持对个体成员的适度激励原则，一定程度上也是体现了"责权利"的统一。

2.2.5 多维度的业务协同运行

随着特高压交直流电网的建设、电网互联的推进以及大规模新能源的并网，电网运行一体化特征日益突出，具体表现为交流系统与直流系统耦合，直流"送端与受端"耦合。这就要求各级电网不仅要考虑别人对自身电网的影响，也要考虑自己对别人的影响。同时，电网相互干扰范围更大，电网局部故障影响全局化特征日益突出。任何一个局部故障都能波及故障互联部分，甚至影响整个电网的运行。故此需要上下级调度机构、调度与监控业务之间实现信息共享、业务协同和流程贯通，人机协同智能化，加强信息共享能力、协同处理能力，多维度协同管理整个电网。

2.2.5.1 多维度协同的重要性

（1）上下级调度机构纵向协同。目前，全国电网实行分级调控模式，通过构建上下级组织机构，分解各级机构的业务量，同时以严格的律令来保证统一调控，确保电网安全、优质、经济运行。但随着特高压交直流互联大电网的建设，区域电网间耦合特性越来越显著，单一设备故障引发大面积停电的风险不断增加。近年来的美国、加拿大停电以及欧洲大停电的调查结果表明，上下级机构间缺少信息共享、无法同步感知同一电网的关联业务、风险及事故信息，是导致事故范围扩大的重要因素。尤其是发生 500kV 等高电压等级事故时，事故将直接从 500kV 电网纵向延伸至 220、110kV 电网，直达 10kV 的配电网络，造成大面积停电事故，多级调控机构协同将更加困难。在电网停电风险预判时，上下级电网机构各自为政，管理信息与运行信息形成孤岛，无法协同。当上级电网运行风险与下级电网运行风险叠加时，将形成更高等级的风险，从而造成事故时，目标不一致，协同难度大，甚至采取上下级相矛盾的事故处理措施。因此，在目前分散的多级机构协同管理统一电网的大背景下，需要共享上下级电网信息，上下级机构生产互动和协同运作，其中主要包括以下方面：

1）电网规划环节，远、中、近期统一规划电网运行方式，保证各级电网协调发展；

2）电网计划环节，上下级电网协调设备停电计划、发输电计划，避各自为政，降低大电网检修风险，通过联合预案编制流程，各级调控机构编制联合事故预案，通过联合仿真平台，提高多级电网协同反事故能力；

3）故障应急处置环节，各级电网信息共享，实现电网扰动的一点告警、多点响应，提升上下级机构应对电网故障的协同处理能力，实现业务协同和流程贯通，管理标准化，上下级调度协同管理大电网。

上下级调度协同管理要求分级协同管理，上下级机构既要独立执行自身生产任务，又要实现协调配合、统一管理。这样既可以保证电网各级机构管理权利的相对独立，又实现了全网的统一性，保证了上下级机构协同管理电网的力度，充分发挥了上下级机构高度协同配合能力，有利于上下级机构依据职责范围共享生产信息和协同管理，实现大电网安全稳定运行。

（2）调度监控业务横向协同。调控一体化模式下，统筹电网调度和设备运行业务，将原监控业务纳入调度统一管理。当电网出现故障或发生异常情况时，设备故障或异常信息通过调控一体化支持系统及时展现在监控人员面前，监控人员能第一时间将电网运行的全面、详细情况汇报给调度人员掌握。相比传统运行模式，缩短了设备故障或异常信息收集时间，调度人员能迅速做出判断，通知监控人员远程完成对现场设备的遥控操作，缩短了设备操作时间，可以在第一时间将故障隔离，解除对人身和设备的进一步威胁，恢复无故障区域的正常供电，实现了故障的快速发现、反应和处理。缩短了处理链条，降低了电网运行风险，减少了停电时间，降低了损失，提升了效益，体现出较高的优越性。

在调整电网运行方式、指挥电压调整、计划检修停送电操作等业务中，调度监控业务横向协同还可以缩短业务流程，统筹掌握全局，合理利用人力资源，提高工作效率和电网安全运行水平。

（3）技术支持系统及人机系统。电网智能技术支持系统对提升调度与监控大电网的能力，保障电网安全、优质、经济运行与大范围资源优化配置的支撑作用愈发重要。以往各系统往往独立建设，应用关联性较弱、人机交互简单，调控运行中需要同时对多个系统进行监视操作，增加了调控应急处置的压力，同时上下级系统缺乏统一规划，无法实现数据共享，阻碍提升对电网运行状态的整体感知能力以及运行人员应急处置效率，难以发挥对电网调控运行的支撑作用，同时相似技术支持系统的简单重复建设，投资巨大。

随着电网规范化技术管理的发展，协同信息共享模式被提出并逐步完善中。建立适应电网纵向和横向一体化的电网智能技术支持系统，实现上级调控机构可以通过信息共享管理其下级调控机构的事务，上级调控机构可以实时查看下级调控机构的运行情况、生产数据、报表等信息，并审核下级机构的调控、计划方案，但不干涉其管理方式。下级调控机构维护自身数据，按时上报生产数据信息并确保通信畅通，支撑特高压大电网实时调控业务的协同运行，实现电网全局态势感知及统一控制决策，推动电网技术支撑体系向集约化方向转变，支撑强互联大电网调控运行。

另外，通过统一规划各级电网机构、各专业在系统操作流程中的职责和流程，协调各级电网机构、各专业以各自不同方式共同管理生产信息，以面向不同用户实行差异化的访问控制为原则，将技术支持系统涉及的大量业务功能模块，以不同形式展现给各用户，同时融入各级电网机构、各专业的业务知识及使用习惯，使技术支持系统专业协作模块化、人机协同智能化。

2.2.5.2 多维度协同在调控运行中的实践

（1）多维度协同的具体实现手段：

1）事前环节，通过构建全网风险分析模型，建立电网运行风险量化评价指标体系，实现 35kV 及以上电压等级全电网风险的在线预警与实时发布，实现电网风险管控一体化，指导各级调控人员及时采取措施，纠正增加电网运行风险的行为，协商解决风险叠加或突发事件带来的电网风险，将隐患消灭在萌芽状态，解决电网风险"各自分析、独立发布"带来的上下级、同级电网风险叠加问题，大大提高事前风险预警的及时性和准确性。

同时构建全网一体化联合仿真平台，基于共享的全电网模型开展演练，组织各级调控机构在同一平台开展调控事故应急处置演练。将各级电网典型事故预案纳入演练，在演练过程中，重点检验各级调控机构在处置同一大型事故时，预案编制的规范性和处理同一事故的一致性，化解各级调控机构在处置大电网事故时，"流程不统一，目标不一致，协同难度大"的矛盾。从事故处置的正确性、规范性、处置时间等方面量化评价各级调控人员的素质与能力，为电网的安全稳定运行与事故处置做好人力资源保障，全面提升各级电网协同处置电网事故的能力。

2）事中环节，构建省地一体化智能操作平台，实现全网各级调控机构及变电站现场共享全网运行大数据和操作信息，同步跟踪运行操作进程，为有序开展操作做好准备。同时将上下级调度间运行操作数据信息使用到防误调度环节，将指令平台数据信息作为防误操作密钥，将操作结果信息作为防止跳跃项目的误操作的逻辑判定，实现电网操作风险管控一体化、自动化、在线化，极大地提高电网操作的安全性和安全管控水平。

故障应急处置过程中，基于大数据平台，将全网 35kV 及以上电网模型与实时运行信息在各级电网调控机构展示，确保电网事故信息在同级及上下级调控机构间实时共享。电网发生故障以后，协同相邻或上下级电网调整运行方式，及时实施事故支援，避免停电事件，解决各级调度机构在调度控制同一交流电网时存在决策不一致的问题。

3）事后环节，依托一体化模型与数据中心，横向开展大数据分析比对，开展基础数据质量、标准操作流程、电压合格率、检修管理成效、无票操作、继电保护正确动作率、监控信息正确率等指标的量化评价，实现调控各专业对下级调度的评价方式由定性评价向定量评价的转变，并形成闭环，以此指导电网调控生产、管理及运行优化，持续改进及提升电网安全性。

（2）多维度协同在调控运行中的实践。

1）多维度协同智能操作票系统如图 2—3 所示。该系统充分利用 D5000 平台，将业务流程与调控操作各环节、各步骤紧密结合，通过对调控操作的工作流程建模，将调度指令票、监控操作票、防误校核与模拟预演、在线安全稳定分析等应用全过程统一管理及流程化实时在线管控，实现上下级调度、调度与监控之间协同，压缩远方操作管理层级，提高生产效率，提升安全管控水平。

2）通过指令票与检修停电申请绑定、上下级指令票协同关联、电子预发令票的提前下达等方式实现调度操作数据的共享。在电话调度指令下达的同时，同步传递电子指令票信息，确保下令方和受令方均按照指令票的信息发受指令。将上下级调度间运行操作数据信息使用到防误环节，化易出差错的风险环节为相互监督的管控环节，避免了信息的错误传递导致的误调度事故，确保了运行操作内容正确，调控操作行为准确安全。操作前，自动触发逻辑公式和网络拓扑防误校核，验证调控操作正确性，同时进行在线安全稳定分析校核；操作后，将操作对象的遥测、遥信位置等信息同步反馈到操作平台，自动确认本项操作完毕后，方能实施下一步操作，防范跳跃项目误操作事件的发生。同时监控操作票根据调度指令智能生成，摆脱了人工干预，模拟票的效率大大提高的同时，避免了不按调度指令拟票、操作的事故发生以及误遥控的可能。

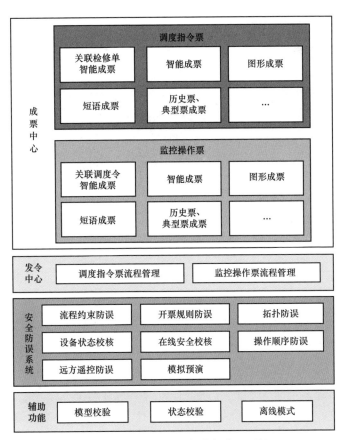

图2-3 多维度协同智能操作票系统

3

人 员 管 理

　　一专多能者，属于复合型人才的范畴。一个人要立身处世，事业有成，不仅仅要有一技之长，更要求全面发展，提高综合素质，成为一名一专多能的复合型人才。现今的社会竞争日益激烈，对人才的要求越来越高。一专多能是社会发展的客观需要，如果一个人经历了诸多的人生历练后，一定会明白：强中自有强中手，山外还有高山在。脚下的地势不同，眼界便会不同。孔子曰："登东山而小鲁，登泰山而小天下。"当今社会的重要特征是学科交叉，知识融合，技术集成。这一特征决定每个人都要提高自身的综合素质，个人既要拓展知识面，又要不断调整心态，变革自己的思维。

　　社会需要"复合型人才"，公司也离不开复合型人才，这就要求我们在努力学好包括专业岗位（操作）技能、专业的技术知识、专业管理知识在内的专业技能的同时，还应当尽可能多的涉猎其他知识。许多成功人士的经历表明：在某一个具体的方面出类拔萃的人，在其他方面都会有一定潜力，多才多艺，能够在很多领域大显身手。

3.1 人员一专多能

　　电力行业安稳直接关系到国家的稳定、安全生产、电力先行。保障电网的平稳运行又与供电所的承载力直接相关,传统的运行方式下,即由人工通过维修检查来发现造成的影响和故障,再由专门指定的人来对出现故障的部分进行维修,耗费了大量的人力物力同时也收不到效果。

全能供电所将对供电行业尤其是一线供电行业的矛盾问题做出了实质性的解答。全能供电所具备生产基础重大电力设施或联系设备公司的基本能力,具备生产智能电力线路信息监测,检测传输电力信息的设备的功能;具备开发终端的能力,可实现供电方和客户群体的信息互动;全能型供电所在传统的供电领域的基础上,进一步调整公司的管理结构,优化职员的业务水平,加大职员多能型的培训投入,生产智能监测检测设备,结合互联网+手段,获取实时线路运行同步运行信息,同时具备预警功能。

如何更快速地定位电力故障的间断点,如何保证供电职工更快速、高效的到达现场来解决电力故障,如何达到对电力非故障点的安全预警与维修,防止更加严重情况的发生;如何解决客户群体对信息的及时反馈等的一系列问题摆在了当今供电行业的面前。如今国网宜昌市高新区供电公司,已经实施了输电线路视频监控项目。在杆塔上安装视频监控,对各种线路和各种设备进行实时监控,将电信息实时传送到服务器接收端,信息的高度同步将实现电力行业一次大变革,先进的预警机制将对可能出现问题的线路或设备及时提出预警,高效的信息同步使监测人员能在客户反馈问题前直接发现故障的发生并及时通知维修人员前往现场进行检修。

同时全能型乡镇供电所需要主动适应地方政府需求和经济社会发展需要,应用"互联网+"手段,将其打造成权责匹配、营配兼具、服务综合的供电机构,要求具备"属地业务全覆盖、营配末端全融合、专业管理全支撑、服务方式全渠道、工作管控全过程"五大功能。同时,全能供电所采用台区分管,各台区经理负责处理本台区的相关事务。台区的范围和人员分配问题,需要人员能够"一专多能"。台区出现问题,一般来说需要台区自己解决,当然问题超出能力范围,上报问题让专业人员处理也是必需的。但对于一般的问题,上报问题,专业人员前来处理,中间的时间间隔,因为地域和距离的问题,往往不会特别短。而台区自己的人员进行处理,及时抢修线路或设备会让时间减到最少,也会让经济损失降到最低,而且还提高了效率,保证客户的可靠用电,提高了业务水平。

为了让台区出现的问题，台区自己解决，这就需要人员具有多项技能，但一人专精多项技能对于人才培养的压力太大，而人员的"一专多能"较为容易实现，而且也能保证台区的可靠工作和应急处理能力，所以人员"一专多能"对全能供电所的意义非凡。

全能供电所所具备的五大功能"属地业务全覆盖、营配末端全融合、专业管理全支撑、服务方式全渠道、工作管控全过程"，人员的业务范围相较以前变得更加广泛，这也导致了人员需要具备更强的业务能力和掌握更多的技能。"一专多能"，不仅是对于台区人员的要求，也是对技术人员、营销人员和管理人员的要求。"属地业务全覆盖"，台区是全能供电所十分重要的一环，它最接近客户，是电网和客户的接触最多的一环，是电网和客户交际的窗口，也是展示电网风采的舞台。为此，台区的业务能力必须得到保障，此外业务全覆盖，也使人员的"一专多能"成为必要，为防止出现意外情况，人员出门抢修而出现台区业务停滞的情况，保证台区的可靠运行，"一专多能"的人员必不可少。"营配末端全融合"，营销也是电网的重要一环，良好的营销服务，是业务水平的体现，也很好地展现了电网风采。如今的多模式营销，结合"互联网＋"的经营模式，网络平台服务，支付软件的内置服务功能，也让营销人员具备多种方式的专业营销能力，此外台区的营销人员也需具备一些相关能力，营销人员也需自身具备多项技能。"专业管理全支撑""工作管控全过程"对管理层也提出了"一专多能"的要求，管理人员需要学习更多的专业管理知识，不仅在自身专业能力上，也在其他的方面，实现管理的全支撑。全过程的工作管控，也需要管理人员具备各方面的专业能力，在制定计划时，具备规划能力，也方便对计划提出建议。其次为实现对各方面的工作内容的了解，最后也方便出现问题时，及时提出解决措施。对于管理人员，管理层作为计划、决策、处理的首要环节，他们肩负着重要的责任，前进的掌舵人，"一专多能"对于管理人员极为重要。"服务方式全渠道"，服务方式的全渠道，上文已经提到，全部渠道就意味着多个方面，多渠道的服务能力对服务人员也是挑战，他们需要在不同渠道上采用对应的处理方式和沟通方式，这也导致了"一专多能"的无可避免。对于技术人员而言，"一专多能"早已不言而喻，技术人员处理突发事故，多项技能是必需的。因为事故类型多，而且不可预测是何种故障，是否存在隐患，故障发生的程度等都具有不可预测性或预测出现误差，人员具备多项技能以应对各种故障和各种突发事故，人员"一专多能"极为重要，不仅对于事故抢修而言，也对于人员自身安全而言，对于维护电网稳定运行，保护群众和工作人员的生命安全都具有重要意义。

全能供电所工作人员的"一专多能"，对于电网，对于客户，对于电网职工，对于维护国家财产和人民生命安全，保证可靠电网运行，提高电网服务水准和保证全能供电所的可靠运行方面都具有十分重要意义。"一专多能"也是未来电网职工培训应该达到的要求，是各个员工自身应该具备的能力。

3.2　全能型人员培训

人才培养指对人才进行教育、培训的过程。被选拔的人才一般都需经过培养训练，才能成为各种职业和岗位要求的专门人才。

3.2.1　一专多能型人才培养模式

培养人才的形式有多种，除了在各级各类学校中进行系统教育的进修外，还可采取业余教育，脱产或不脱产的培训班、研讨班等形式，充分利用成人教育、业余教育、电化教育等条件，自学成才的人才培养方式被鼓励和提倡。

人才培养的具体要求，各行各业都有所不同，但总的目标是达到德、智、体全面发展。对于企业来说，人才培养是多层次的，包括高级经营人才的培养；职能管理人才的培养和基层管理人才的培养等，在一定的基础上加大对人才的施教。

人才培养的要求虽然多种多样，需要达到的目标或者具备的技能也相差甚远，但是人才培养的模式却不像要求那样千差万别，人才培养的模式相对简单也相对固定。

何谓人才培养模式。"人才培养模式"是指在一定的现代教育理论、教育思想指导下，按照特定的培养目标和人才规格，以相对稳定的教学内容和课程体系，管理制度和评估方式，实施人才教育的过程的总和。

它具体可以包括四层含义：

（1）培养目标和规格；

（2）为实现一定的培养目标和规格的整个教育过程；

（3）为实现这一过程的一整套管理和评估制度；

（4）与之相匹配的科学的教学方式、方法和手段。

下文对人才培养的几种模式进行了简要的描述。

3.2.1.1 科技创新人才培养

科技创新人才的培养模式，本节分为三大类型进行解释：首先是重在学术传承的"导师制"，其次是重在实际应用的"项目制"，最后重在前沿探索的"创意制"。

"导师制"就是以导师为中心，重在导师的指导，这种"名师出高徒"的培养模式其关键在于师徒双方能不能做到道德人品、学识学力以及治学方略三个方面的对称。道德人品对称了，徒弟方能得到师傅的信任，后者才愿意将其最为宝贵的经验传授给前者；学识学力对称了，徒弟才可能将师傅的学术思想继承下来、传递下去；治学方略正确了，徒弟才能够开辟出不同于导师的道路，从而实现继承基础上的新创新。

"项目制"是指组织有计划地把具有培养前途的青年安排到一个项目、一项任务，甚至一个重大工程里学习、磨炼、提高。实践表明，一名优秀的科技创新人才，需要具备一定的知识体系和能力组合。静态的知识技能可以通过学校教育和专业培训获得，而动态的创造性能力则需要在解决实际问题中锻炼培养。在"项目制"培养人才的运作方面，特别要注重"工程牵引，培养骨干""长期积累，培养专才""一专多能，培育将才""艰苦历练，造就帅才""重德修身，成就大家""五步曲"。

"创意制"指的并不是围绕某个项目，而是围绕人才本身有价值的创意，逐步深入，终有突破，也称"人才导向"模式，就是国家或基金会等组织投资于有价值的探索性研究。这种研究只是以人才的创意为导向，不以任何人的指令为遵循，凭借的是有洞察力的学者对有价值人的创意的选择与支持，然后给以资金保障。显然，在这里"洞察力先于应用"，一般将其称为"基础性"研究支持项目。

总而言之，创新人才培养模式要在一个全方位、多领域、大环境下有效运行。要树立多样化人才观念，尊重个人选择，鼓励个性发展，不拘一格培养人才。真正做到优化人才知识结构、提高综合素质、增强创新和实践能力，形成各类人才辈出、拔尖创新人才不断涌现的局面。

3.2.1.2　新常态下的人才培养

在移动互联网时代，市场格局早已发生变化，企业纷纷转型，传统的雇佣关系破裂，资金资本与人力资本开始处于平等的位置。企业在追求效益的同时，更关注人才的流动性，如何挖掘员工的潜能，发挥他们的才能成为企业关注的焦点。在追求量的同时，更关注质的问题。此外，在人才的管理上，企业也由员工忠于企业转向忠于工作、忠于客户。员工不再是企业的附属品，而是作为一个独立的个体，成为社会的热力共享资源。

在这样的大背景下，企业必须进行人力资源管理的变革，建立以胜任素质模型、任职资格体系为核心的人才供应链。

当今世界，处于时代转型之际，企业应加大人才培养的力度，拓展引进的渠道，将外部资源与内部资源相结合，培养公司所需要的人才。在市场竞争中，人才伴随着企业发展的始终，谁拥有了高端的人才，谁就获得了发展主动权。

培训已成为企业首选的培养人才的途径，但商业格局早已发生翻天覆地的变化，传统的企业培训是否还能适应时代的要求？传统的培训已经不能胜任内部人才培养的重任，虽然目前培训成为拯救企业人才匮乏的重要途径，但我国企业的培训主要是以课程面授为主，以各种各样的衍生方式为辅的传统培训。这种培训方式不但效果不明显，而且还存在着培训出来的优秀人才离职的现象，使企业遭受更沉重的损失，因而也就降低了培训的热情，甚至不再培训。

与此同时，培训部门需要兼顾多种事务，无法集中精力进行培训。而员工也认为传统的培训在工作上对他们没有太大的帮助，参与的积极性也比较低。这样的培训无异于走形式而已，与企业进行培训的初衷相背离，其结果也必然失败。

内部员工缺乏参与的热情，即使有兴趣参加，在培养完之后，企业还面临着人才流失的困境，企业的培训只能以失败而告终。

培训不仅没有促进企业发展，反而产生了负面效应。原因在于虽然在主观上，企业的出发点是好的，为了促进企业和员工的共同发展；但是从客观上看，由于培训针对的是能力大小不一的全体员工，因此也就无法满足所有员工的需求，尤其是那些高素质的员工，他们需要的是专业性的辅导，同时培训的方式也比较僵化死板，不符合员工的学习特点，致使培训没有达到应有的效果。

学习是新常态下人才培养的有效方式。从根本上来说，优秀的人才并不是通过培训出来的，而是自身通过不断的学习摸索，并在日常工作中不断地实践反复，日积月累起来的。培训只是学习的一部分，在雇佣关系的新常态下，企业更应该对两者的区别有清晰的了解。学习是通过阅读、听讲、观察、研究、实践等增长知识或技能。"70:20:10法则"也形象地说明了学习是增长知识和技能的主要途径。随着时代的进步以及企业经营经验的丰富，越来越多的企业开始重视对人才的培养，尤其重视高质量的培训，而不再过于追求人数的众多，过程的完美以及课堂气氛的热烈。

在雇佣关系的新常态下，员工的思维观念也发生变化。他们在工作中投入极大的热情，会为了实现自我的价值而自主学习，在工作实践中更具责任心和使命感，善于将理论知识与实际相结合。这样具有自主能动性的员工更容易获得发展机会。企业有针对性的培养人才，而员工也主动的学习，在两者的配合下，企业和员工都将获得发展。

当今，科学技术迅速发展，互联网普及程度加快，雇佣关系出现新常态，传统的培训方式已满足不了时代的需求，企业必将进行人才培养的转型，由培训转向学习是时代发展的要求，也是企业实现发展的关键。一专多能型的人员培训见图3-1。

图 3-1 一专多能型的人员培训

3.2.2 一专多能型人才培养途径

3.2.2.1 做好培训规划

要把培养适应新形势发展需求的一专多能人才工作落实到实处，就必须真抓实干知难而进，从提高企业整 体素质着眼，从提高每个职工能力着手，要结合本企业本单位的实际情况，制定适应形势发展要求的一专多能人 才的短期培训计划和长期发展规划。从实际出发，注重实效，立足长远，不断更新培训内容。更要注重对新技术，新设备的使用培训，一门精，二门会，三门技能做准备，就是一专多能人才的培养目标。

3.2.2.2 建立激励机制

作为企业，公司要在人才与培训政策上，制订必要人才定位与激励机制，加强宣传引导，帮助员工提高以岗位技能、专业技能为中心的安身立命观念的树立；各层管理人员也要在日常工作中，有意识地去培养训练员工，公司可以组织开展相关的培训学习活动。要发挥一专多能人才的作用。除了注重对一专多能人才培养，还必须建立有效的培训—考核—使用—待遇一体化的激励机制，给予政策倾斜，在工资福利等方面给予优惠，要建立动态运行机制，完善一专多能人才评聘制度，制定标准细则，定期从优秀人员中考核、选拔，并做好人才的评聘工作，以加快人才的培养成长。

3.2.2.3 创造条件，营造环境

（1）加大宣传教育力度，让广大职工明白，为了企业的生存、发展和振兴，必须尊重知识、尊重人才。通过宣传教育，使广大职工充分认识到，企业内部自学成才的工作骨干和能工巧匠，也是企业的宝贵财富。要努力创造岗位成才和自学成才的浓厚氛围，使自学成才和岗位成才的意识成为职工，特别是广大青年职工自觉接受和乐于实践的共识。

（2）营造良好的生活环境。人才首先是人，他有着普通人应有的生活。就要切实帮助他们解决一些具体问题，为他们创造良好的生活环境和工作环境，解除他们的后顾之忧。

（3）营造良好的竞争环境。只有通过竞争，人才才能进入最佳竞技状态。从而大显身手，施展自己的本领，展现自己的才能。只有通过竞争，才能鼓励人才冒尖，形成富有生机与活力、你追我赶、龙腾虎跃的局面。要鼓励人们注重学习，注重知识，注重智力开发，使大批人才脱颖而出。员工自身应树立自主自觉、自动自发地培养自己一专多能的观念，不能把自己局限在狭隘的专业范围内。只有跳出自己那个狭小的空间来，才可能发现新的海阔天空。古人有言："学然后知不足"，人要进步，关键是要知道自己的长处和短处，尤其要知不足。古人说："人贵有自知之明"，还说："学海无涯"。连苏格拉底那样知识渊博的大哲学家都说："我唯一知道的，就是我一无所知。"这些话都是说明拓展视野、加强培训学习的重要性。

时常会听到身边有人感叹：工作前途渺茫，自己命运不好，人生多坎坷。其实，在个人职业生涯中，常人都是很难改变时势和环境的，但是我们可以改变自己；培训、学习、充电等就是一个改变我们人生命运的法宝：如果你在技术业务上钻得深一点，学得广一点，做一个一专多能的多面手，一定能在工作中左右逢源。有很多的工作岗位会选择你，或者是被你选择。人生旅途，华丽转身，何愁没有能够施展自己才能的舞台呢？学习丰富人生，学习增添灵感，学习培养自信。喜欢学习的人，最富魅力。人会老，但是学习产生的魅力永远也不会老。一专多能的学习，能够让我们更加充实，拓展我们的职业生涯，提

高我们的工作效率。在我们的人生旅途上，路会更宽更广！

3.2.3　一专多能型人才培养管理

"一专多能"的人才培养模式需要打破学科体系，也需打破相对独立的理论教学体系和实践教学体系，取而代之的是理论教学与实践教学完全融合在一起的全新的教学模式。现如今提出的"一专多能"的人才培养模式就是这样一种全新的教学模式。

"一专多能"人才培养模式的内涵是：在教学方法上采用与专业结合的形式，突出专业核心能力的培养；在学习内容上学生自主选择，一专多能，差异化发展。具体来说，就是根据国家电网公司人才培养的目标及特点，面向该专业所对应的岗位群，面向所从事具体岗位的工作内容，以工作的需要为原则选取教学内容，以工作程序为主线组织教学内容，以具体的工作结果为考核的依据，将原来的理论教学与实践教学融合在一起，将教学场地搬到生产现场，实现"教、学、做"的统一，突出专业核心能力的培养；培训员工可根据自己的实际情况自主选择学习内容，构建自己独特的知识、能力结构，以解决某一方面的实际问题为目标，有所为，有所不为，一专多能，差异发展。此外，除了重点培训专业领域外，还需对工作部门的其他岗位的工作内容进行学习，做到能对其他岗位的工作进行简单的处理和应对，实现部门内或者工作单位内的一专多能。

该模式中各因素的辩证关系为：既要适应于理论学习，又要善于在实践中学习，同时也是积累专业经验、实现培训与实操零距离对接的要求，是培训的必由之路。在学时一定的情况下，核心能力培养的深度和广度也是一对矛盾，权衡利弊只能是牺牲一点"广度"以保证足够的"深度"。一方面工作分工越来越细，对人员的要求越来越高，需要大量专而深的人才，当然在实现广而深培训的同时，也需要培训其他相关的技能，实现一专多能；另一方面，对于培训的员工而言，也应该是先有"深度"后有"广度"，也就是在专业培训后，先保证有足够的"深度"，能够解决工作中的一些实际问题，足以应对相关事故。在实现"深度"后，再发展"广度"，以求更大的发展。同时，考虑员工的学习积极性、主动性等问题，专业学习也不可能面面俱到。因此，必须有所为，有所不为，实现一专多能，以专为主，突出核心能力的培养，达到培训完就能上岗的需要。随着学习范围的细化、学习内容的深入，需要进一步掌握一些其他的专业技能，结合各自的实际情况构建不同的知识、能力体系，从而实现差异化发展，做到人人有专长，也做到人人能胜任。

下文对于人才培养模式的具体做法进行理论陈述。

（1）确定专业的核心能力。通过单位调研、召开实践专家分析会、召开培训指导委员会会议等形式，明确了培训专业能力为主，确定其核心能力，并重点培养其核心能力，达到都够应对具体事故的能力。

（2）根据核心能力培养的目标和特点，制定不同的培养方案和相应的培训内容，面向该专业所对应的岗位群，面向所从事具体岗位的工作内容，以工作的需要为原则选取教学内容，以工作程序为主线组织教学内容，以具体的工作结果为考核的依据，将理论知识、素质教育、能力培养融入一个个学习任务中，设计相应的学习情境。

（3）用能力学分的方法来评定培训人员的综合能力，所谓的能力学分不同于学分制中的课程学分，学分制中的课程学分是根据课程的重要性和学时数来确定的，只要考核合格就能拿到该门课程的学分，总学分的多少反映了学生通过考核的课程数量，而不能反映课程的掌握程度；而能力学分能够反映核心能力掌握的程度，反映核心能力课程学习的程度，总学分的多少反映了培训人员的综合能力的高低。能力学分可以根据核心能力课程考核的结果来确定。

能力学分的评定标准如下：

优秀，4分：在该项培训范畴内，能够解决相关的复杂问题，具有应对事故的能力，并能处理突发事故。一般不超过总人数的10%。

良好，3分：在该项培训范畴内，基本能够解决相关的复杂问题，基本具有应对事故的能力，并能基本处理突发事故。一般不超过总人数的20%。

中等，2分：在该项培训范畴内，能解决部分相关的问题，初步具有应对事故的能力，并能处理简单的突发事故。

及格，1分：学完规定的各项内容，在该项培训范畴内，能解决企业的简单问题。

不及格，0分：学完规定的各项内容，在该项培训范畴内，不能解决电网的简单问题。

　　课程学习任务完成后，由该项课程的任课教师组成评定小组进行评定，确定等级。对于优秀等级，还需要专家委员会进行答辩、复核。对各项核心能力按照等级标准制定详细的评定方案，以保证评定结果尽可能真实地反映培训人员的实际水平。培训人员可自主选择学习内容，对于专业内容只要拿到 6 分能力学分就可以毕业，如：一个优秀加一个中等，两个良好，三个中等。这样可以对选修不同内容不同等级的培训人员进行综合管理。另外，为了考察培训人员的实际能力，还规定了能力拓展的项目。

3.3　完善绩效管理

3.3.1　考勤管理

　　员工考勤管理是指企业通过规范员工的工作时间、工作纪律来维护企业正常工作秩序的管理制度，是企业劳动纪律管理最基本的工作，也是绩效管理工作的一部分，其对象是企业全体员工。企业考勤管理制度的具体方案是根据企业的运行环境及管理特色来展开设计的，但其核心目标是通过明确的工作纪律要求来规范员工工作行为，并通过评分系统以及相应的赏罚制度来提高员工自律能力和积极性，以提高其工作效率，营造公平公正的企业工作环境，转变员工工作作风，提升企业劳动用工效率。

3.3.1.1　考勤管理的必要性

　　转变工作作风，提高工作效率。企业队伍庞大，部分员工综合素质偏低，工作散漫、离岗脱岗、迟到早退、长期旷工等现象时有发生，考勤管理系统性和长效性不够，导致员工对考勤管理持观望态度，少数单位"吃空饷"、消极怠工现象有蔓延趋势。员工缺乏危机意识和约束力，工作积极性、执行力与爱岗敬业精神有待提升。为彻底转变员工思想、转变工作作风、提高劳动效率，企业需规范员工考勤，严肃工作纪律，因此建立考勤管理长效机制势在必行。实行国家电网公司"三考"管理。面对复杂多变的内外部形势，国家电网公司围绕人力资源管理的重点和难点，以"三定""三考"为抓手，努力通过管理创新提高人力资源配置效率及人力资源管理的效率和效益。考勤作为"三考"的重要一环，是电力企业员工绩效考核、薪酬发放、评先评优的重要依据。因此，建立并持续优化与"三考"工作要求相适应的考勤长效机制，提升考勤规范化管理水平，是"践行"国家电网公司深化人力资源集约化发展的重要举措。预防并杜绝企业"吃空饷"现象。"吃空饷"也称"吃空额"，指当事人不上班而谋取个人私利却依然领取工资福利的行为。"吃空饷"的存在，严重挫伤了员工工作积极性，不利于企业内部团结，也损害了企业品牌形象，降低了企业公信力。因此，企业必须肃清"不上班、吃空饷"的不正之风，营造公平公正的企业环境，为深化人力资源集约化管理创造条件。要根治"吃空饷"现象，就必须坚持预防与治理并举，建立科学规范的"吃空饷"长效治理机制，并建立健全的员工考勤管理制度，将员工个人考勤统计结果作为治理"吃空饷"的一项重要指标，提升企业劳动用工水平。企业劳动用工管理是指企业通过制定劳动规章制度对员工进行管理，对劳动合同的订立、劳动合同的履行与变更、劳动合同的终止与解除等环节予以规范化。在合法用工的前提下健全各项规章制度并加以实施，规范并强化劳动用工管理行为，保障劳资双方的合法权益，提升企业劳动用工效率。

3.3.1.2 考勤管理面临的问题

考勤管理职责不明确，监督难度大。部门（单位）负责人对考勤管理有为难情绪，怕得罪人，不敢坚持原则，误认为考勤管理是人力资源部门的事，公司、部门（单位）、班组的三级责任制没有彻底落实。因人情虚报考勤数据，导致考勤结果不真实。考勤员碍于私情、面子等个人感情因素，上报考勤数据时虚报、瞒报，造成人情考勤、代替考勤时有发生，致使考勤结果出现偏差，成为"历史遗留"问题和"吃空饷"产生的根源之一。考勤管理制度执行不规范，员工请假、调休和因公出差不参加考勤的各类佐证材料留存不全。在执行考勤管理的过程中，员工因各类假期、调休、出差不需要参加考勤时，公司须留存其相关佐证材料备查，因管理过程中的疏忽可能会损害员工利益。

3.3.1.3 考勤管理的办法与对策

健全配套制度，建立长效机制。首先，考勤管理的相关配套制度，明确企业考勤管理方式、对象、岗位动态调整、加班期间劳动纪律的管理和监督考核措施。其次，明确人力资源部门作为员工考勤管理归口部门，设置部门、班组考勤员，部门负责人和考勤员对本部门、本班组考勤结果负责，建立公司、部门、班组三级责任制，实行责任分担。再次，要强化监督，成立考勤检查组，对员工迟到、早退、中途离岗、因公外出佐证材料不全等突出问题进行集中整顿，并向责任人和部门出具《整改通知书》，限期整改。实施电子化考勤，营造良好氛围。利用互联网、人脸识别等科技手段，实行电子化考勤，杜绝代打或伪造的可能性。公司负责人带头"刷脸"，中层干部严格执行请假流程，杜绝私自外出。同时，强化电子考勤频次，并利用互联网将市、县公司电子化考勤数据联网共享，以便随时抽取检查。"夯实"台账管理，加强结果考核。通过电子考勤系统如实记录员工出勤情况，对考勤实行人性化管理，针对外出工作或培训不能正常参加电子考勤的员工，下发《××部外出登记表》模板，由员工写明外出时间及原因。员工填写的外出登记表须经过相关负责人审批，其中普通员工外出需经部门主任签字，部门主任外出则需分管负责人审批。每月 5 日前，班组、部门考勤员负责将班组、部门员工的外出登记表汇总形成《××部未参加电子考勤汇总表》，写明本部门上月员工迟到、早退、旷工、因公外出以及各类假期的时间和次数，经分管负责人审批后统一交人力资源部留存备查。人资部门每月统计员工原始打卡记录，比对分析各部门上报的《××部未参加电子考勤汇总表》与电子考勤原始记录，反馈缺勤记录，要求所在部门负责人、分管负责人签字确认，并根据《国家电网公司员工奖惩规定》进行考核。考勤定期公示，接受员工监督。公司在每月一次的绩效考核例会上对原始考勤率进行曝光，对考勤考核情况进行通报，并于每月 12 号前在公司内网中公示上月考勤结果明细，接受全体员工的监督。完善管理流程，实现闭环管理。公司完善考勤奖惩机制，将员工遵纪守时、加班加点、超负荷工作或迟到、早退、串岗等出勤情况与绩效考核、评优评先、岗位竞聘挂钩，充分发挥考勤奖惩机制的奖励约束作用，实现员工考勤的闭环管理。

3.3.1.4 智能化考勤管理

（1）智能考勤系统需求分析。为了能够满足企业不同群体的使用需求，首先在全公司范围内广泛征集意见，并经过充分论证，在现有考勤管理模式基础上，建设线上移动端和线下设备端的相互结合的管理方案，实现机关门禁、考勤管理、访客管理、用餐消费四大功能的整体建设方案。智能考勤系统线上移动端和线下设备端结合，实现机关门禁、考勤管理、访客管理、用餐消费结合。

智能考勤系统整体建设方案见图3-2。

图3-2 智能考勤系统整体建设方案

（2）智能考勤系统。在充分调研基础上，利用行业先进的前后端分离技术，自主开发智能考勤系统。系统采用多层服务架构，由系统支持层、应用集成平台、前端展现层3层架构构成，采用"平台＋子系统＋第三方接口"的技术架构，如图3-2所示。系统前端以计算机网页和移动终端操作，中间层为系统运行提供稳定的基础平台，后端实现数据管理分析，外接考勤机等硬件接口，保证了系统的安全性、稳定性和拓展性。

（3）智能考勤系统实施。在企业安装考勤门禁，改造光纤铺设，提高数据传输速度，实现了公司考勤终端全覆盖。实现了电子考勤管理，出勤记录打破地域和距离限制，通过智能考勤系统，对分布在企业所设的电子考勤机数据进行集中管控，实时掌握员工在岗出勤行为，使员工管理精准高效。智能考勤系统构架见图3-3。

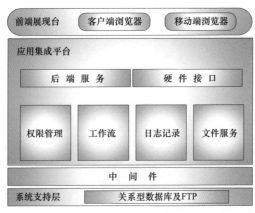

图3-3 智能考勤系统构架

（4）智能考勤系统的优势：

1）方式灵活。智能考勤系统终端采取门禁刷卡、指纹识别、人脸识别、二维码、手机开门技术，员工可以灵活选取不同方式进行考勤，利用计算机、手机自主查询考勤信息，填写请假、休假申请单，管理人员在线审批，实现了假单审批无纸化管理，满足了办公区域、生产区域不同环境的使用需求。

2）管理便捷。电力企业技术工种多、作业复杂，有多种倒班作业方式。通过智能考勤系统，基层单位可根据生产运行实际，自主选取排班方式，灵活设置加班、值班等特殊考勤类别，满足基层考勤管理需求。员工考勤信息与薪酬发放系统关联，减轻了管理人员每月考勤统计、薪酬计算繁杂工作，大幅降低了管理难度，提高了工作效率。

3）智能分析。智能考勤系统能够自动生成考勤报表，直观显示员工迟到、早退、旷工等非正常考勤信息，以及加班等献工情况，客观反映员工日常在岗状态和工作表现，为员工绩效考核提供管理依据。同时，管理人员可以利用年度、季度、月份等考勤数据，综合分析员工队伍倾向性问题，及时制定有效措施，堵塞管理漏洞，不断提升人事管理效能。

4）提升管理。管理人员借助信息化管理手段，管理方式由以往被动管理向主动管理转变。通过智能考勤系统定期排查事假、病假、借用等离岗人员，对查出的"上花班""泡病号"人员及时通知返岗。利用智能考勤数据库，定期分析员工违纪分布特点和时间规律，杜绝了"经常违纪""混日子"等不良行为，有效规范了员工在岗行为，确保了装置"安稳长满优"运行。

3.3.2 派工管理

电力企业有多个专业的员工，而每个专业几乎都要对应 1 至若干班组。班组做了些什么工作，工作的具体情况是什么，需要调动的资源有哪些等，该如何开展工作，都是班组管理中急需解决的问题。在班组管理中，派工管理是其中重要的一环，通过派工可以使班组的工作处于 PDCA 循环，有效地提高班组的管理水平。在派工管理工作中，通过传统的纸质方式效率非常低下，可以通过一套软件系统来进行科学管理，班组派工单管理系统正是能满足这些需求的一套系统。

传统的派工方式往往是管理人员通过口授对班组进行派工；进入计算机时代后，除了口授外，又新添加了通过电子邮件、网站通知等方式。但总的来说，都只是简单的实现了下达工作任务的功能，缺乏对整个派工过程的管理监控和分析统计。目前，在国内的很多行业，如石油、化工、家电维修、IT派工、汽车修理、设备修理、物业维修、车辆、建筑、家政服务，都开展了派工单管理，但往往是电子版的单页或多页记录，派工单之间缺乏联系，不能从工作计划、派工、工作完成、工作评估等方面形成派工的PDCA闭环管理，也不能对形成数据统计分析。因此班组派工单管理系统对于班组管理具有十分积极的意义。主要优势大体包括以下几个方面：

（1）它是计划协调人用来派发和追踪所有签发工单的主要工具，通过它有助于优化工作和监控劳动力的使用。

（2）它能为企业开展安全生产，提升经营管理水平，深化服务质量，以及安排工作任务和评测班组工作量的工作提供重要依据。

（3）针对目前泸州电力着力提高班组建设水平的工作，它能在班组规范化、标准化、集约化、精细化管理中起到重要作用。

综上所述，班组派工单管理系统能借助信息化手段加强班组管理过程的即时性。由于采用管理信息系统，完善了数据源头采集，辅之大量的数据分析、数据挖掘和数据图像，并通过计算机的网上流转和快速反应，使信息化班组能够准确及时地核算生产消耗，监控生产过程在某种程度上实现了对车间生产经营管理的过程日清日结，达到了班组管理的即时性。其次，通过在班组内部建立一个内聚性结构，进行计算机网络紧密编织。在班组管理的某些层面实现一定程度的虚拟运作，增加了班组的灵活性和竞争力。最后，通过计算机共享系统，班组有了一定的生产安排和控制主动权，普通班组成员也能够独立完成某些需要其他工种配合才能完成的任务，使班组管理工作更具连贯性，从而避免了工作失误。

构建的派工功能子系统主要由以下几个部分组成：领导派工管理、派工单分类管理、派工单任务执行管理、派工单流程管理。派工管理系统功能构架图见图3-4。

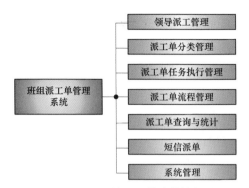

图 3-4　派工管理系统功能构架图

（1）领导派工管理是指领导向班组人员指派任务下达，派发派工单。派工单内容包括工作名称、工作班组、工作地点、工作内容、工作人数、工作时间、车辆派出情况，完成情况等派工单的管理。

（2）派工单分类管理，实现按班组、年度、工作性质的管理。工作性质主要是指将所有工作划分为资料方案、培训学习会议、维护工作、工程建设等类别，各类别之下还可划分子类别，如维护工作下还可划分系统一、系统二、系统三等。

（3）派工单任务执行管理是指班组人员接受领导分发的派工单后，根据自己工作的实际情况，填写派工单中任务完成情况，反馈工作任务给派发者查看。

（4）派工单流程管理是本系统的核心业务实现部分，涵盖了派工单起草—审批—分发—签收办理—办结，在工作流的支持下整体形成闭环管理；

系统派工的流程：

1）支持管理人员接受来自各种渠道下达的任务；

2）通过任务类型确定是否是紧急任务；

3）如非紧急任务则在系统中添加派工单，否则直接通过系统短信派发功能下发派工单；

4）班组接收到派工单或紧急短信派工单后，即执行任务；

5）班组完成任务后，反馈完成情况，并提交任务派发者审核；

6）管理人员收到班组提交的完成情况后，审核，结束流程。

通过实施班组派工单管理系统，能够方便企业班组管理工作的规范化、精益化管理，明显提高管理效率。在实际运用中能提高班组各项工作的执行力；细化措施和责任，促进班组的效能建设；提高基层班组作风的建设；提供班组工作测算平台，科学派工。总之实施班组派工单管理系统后，对班组的资源进行有效调配、合理协作，能达到班组资源集约化管理、班组规范化管理、班组精益化管理。

但是电力企业的班组派工管理是现代电力企业基础业务管理的一大要务，以上工作不能完全实现优化管理，还存在以下内容需要在未来工作中进一步的完善和研究：

（1）对班组派工单与企业标准化结合进一步深入研究。应该将班组派工单的业务流程与国家电网的标准结合，主要结合标准的两大标准即工作标准和技术标准。

（2）对派工单的绩效测量体系还需要进一步深入的研究。对班组派工单的执行情况过程和结果都进行监督，并研究建立合适绩效测量体系，绩效体系的指标可以自动从班组派工单业务系统获取相关数据，并通过计算数学模型计算得出指标值，通过层次分析法实现各项最终考核指标计算得分，实现业务单完成情况考核以及考核结果落地。

（3）对业务单自动派单进行深入的分析和研究。在班组单积累到一定程度，并对业务及班组资源进行梳理，建立一定数学模型，通过神经网络分析法达到系统主动学习，并完成根据业务单自动化派单。

3.3.3 闭环管理

3.3.3.1 建立闭环管理机制

首先，由人力资源部将岗位胜任能力细分至每一岗位的每一岗级；其次，由专业部门组织划分每一岗级的知识技能模块，并据此编制每一岗级的评价标准，岗位（岗级）越高，评价标准的要求也越高；最后，根据全局统一的班组人员评价标准，开展培训、评价、授权等一系列工作。培训—评价—岗位（岗级）闭环管理机制图见图3-5。

（1）培训：各单位以各岗级的知识技能模块为依据，突出实操导向，扭转"重理论、轻实操"现象，强化实战能力，充分发挥内训师和技能实训室作用，开展贴近生产实际的场景式、任务式、流程式培训，全面提升员工的技能水平和实操能力。

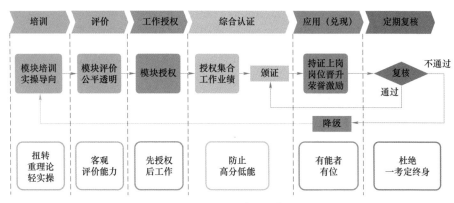

图3-5 培训—评价—岗位（岗级）闭环管理机制图

（2）评价：是机制的核心环节。根据模块划分，制定由下一岗级到上一岗级的晋级评价标准。标准全局统一，突出核心业务能力。内容不仅考理论，更注重考实操。考题由各单位专家集中封闭命题，笔试试题随机抽取，实操考评项目现场随机抽选，1/3的考官由人资部从局内相近专业单位统筹安排，全程录像，考官、考生签名确认结果。严肃考评纪律，编制现场督导作业表单，由人资部、专业部门和培评中心组成督导队伍进行现场督导，避免"走过场""大锅饭"，确保考出员工的真实水平。结果可延伸应用于技能鉴定等，避免重复考核。改变以往简单"一考了之"的方式，通过严格规范、公平透明的评价，减少人为影响，准确评价员工真实能力。

（3）工作授权：各单位根据模块评价成绩，结合员工综合表现决定是否给予该模块授权，从而获得相应模块工作资格。员工通过逐个获得模块授权，进而获得岗位所有授权集合。通过"先评价、后授权"，确保符合要求的人员才能从事实际工作，保障工作安全。

（4）综合认证：各单位按照授权集合、工作业绩等申报综合认证，并对员工申报材料的真实性、完整性进行审核。建立工作业绩两级审核制度，班员的业绩由班长审核、分部主管审批；班长业绩由分部主管审核、单位分管副职审批。培训评价中心从授权集合、工作业绩等8个维度，对符合条件的员工进行综合认证审核，更加全面、准确衡量员工综合表现，防止"高分低能"。认证通过后，颁发相应的岗位（岗级）胜任能力证书。

（5）应用（兑现）：一是岗位（岗级）晋升：拟晋升的岗位（岗级）没有职数限制时，可直接兑现；有职数限制时，作为竞岗的必备条件，让有能者有位。二是持证上岗：作为持证上岗的认证依据。三是荣誉激励：对业绩非常突出的员工，授予荣誉称号。

（6）定期复核：实行授权"一年一次复核"和证书"三年一次复核"，杜绝"一考定终身"。授权复核突出工作业绩，业绩不达标则取消授权，防止"授了权，不干活"。证书复核突出能力和业绩，不仅要求授权集合完备，还要求有更多的工作业绩。复核不通过则取消证书，直至降岗，防止"一考定终身"。

3.3.3.2 闭环管理机制的主要特色

（1）统一标准、成绩通用。培训、评价标准全局统一，作为工作的唯一依据。有效期内，成绩在类似评价中通用。

（2）模块评价、授权工作。按模块进行评价，合格的给予该模块工作授权。

（3）综合认证、持证上岗。从能力、业绩等方面进行综合评价，合格的颁发证书，作为上岗依据。

（4）一证多用、多维激励。证书应用于持证上岗、岗位（岗级）晋升、荣誉激励，实现多维度激励。

（5）定期复核、人岗匹配。对授权和证书进行定期复核，结果应用于岗位（岗级）调整，确保员工能力与岗位要求相匹配。

（6）以能定岗、以绩定效。能力差异体现为不同的岗位岗级，业绩差异体现为不同的绩效。

3.3.3.3 闭环管理机制的实践

"1+2+3"=1个核心+2个依托+3个抓手。"1个核心"即以通用制度宣贯培训为核心，搭建以公司各部门、县公司规章制度联系人为主要成员的宣贯组织网络，明确目标，确定方案，划分责任，推动制度推广应用。"2个依托"即彻底进行制度清理并在规章制度模块中及时维护，确保录入系统中的制度的合法性、有效性。"3个抓手"即全面分析执行中遇到的困难和问题；重点对执行阻力、差异性较大的制度进行阶段性的评估反馈，及时修订完善，从而实现制度制定—执行—监督—评估—反馈—修订的全过程闭环管理，进一步深化通用制度的应用，提升制度通用性。

（1）完善机制，组织实施宣贯培训：

1）成立机构，确定职责。公司成立了规章制度管理委员会和规章制度审定委员会，全面负责制度清理、计划审议、草案审定、监督执行等各环节管理。归口管理部门和执行部门分工明确，规章制度的调研起草、评估建议和监督执行等业务环节由归口管理部门统一调度。同时与基层企业形成制度建设市县一体化网络，确保各层级、整个机构全员参与。

2）全面部署，强化培训。公司建立自学、培训两种学习机制，深入到基层一线员工，定期开展专业会议、专题学习、网络课堂等多种培训形式及"全员、专业、交叉"三级培训模式。全员培训是在公司各级范围内对适用范围广泛的综合类制度开展培训，邀请公司全部员工参与；专业培训是由专业业务主管部门对通用制度条款进行提炼，组织对本部门、业务支撑和实施机构进行培训，在专业涉及范围内开展；交叉学习是各部门相互学习与本部门专业关系较大的制度。

（2）全面清理，有效维护制度系统：

1）源头清理，衔接有效。制度体系建设作为系统工程，必须梳理源头，理清脉络，解决各层次中相关制度的重复问题，在规章制度梳理过程中，一旦发现与通用制度不符的本单位制度；有关法律、法规、规章、政策或上级单位的规章制度等文件已做修改，与之不相适应的本单位规章制度；作为规章制度编制的事实依据发生改变，有必要调整内容的本单位规章制度；同一事项在两个及以上规章制度中有规定并且规定不相一致的本单位规章制度；在风险控制、合规评价、审计监察等方面被发现制度性问题的本单位规章制度及其他需要修订的本单位制度，立即组织研究判断，进行清理归类，防止管理真空和管理混乱。

2）系统维护，过程管控。对已录入的国家电网规章制度信息模块的规章制度内容进行及时维护，过程细致，管控有序。其中对系统内是否存在与通用制度相抵触的本单位规章制度、制度废止的及时性、制度范围的研究判断以及制度附件录入的规范性等内容进行重点排查、考核、评价。考核、评价结果纳入各单位"三集五大"体系建设成效评估制度建设完成率考核指标以及制度标准执行率同业对标。

（3）执行反馈，完善制度闭环管理：

1）及时反馈，督促整改。通过新、老制度的比较、甄别、评估差异，及时反馈收集、整理、分析遇到的执行难点问题、与实际不符的情况等，以及就此提出的合理化意见建议。各部门、基层单位及时查找差异、消除差异和表达差异，深入查找制度执行的薄弱环节，督促相关单位及时整改。

2）加强指导，市县联动。通过岗位操作手册、制度分级管控、现场执行等多种创新载体，指导基层公司优化制度管理，帮助基层一线人员理解制度核心，定期组织市公司制度体系建设工作组进行现场指导，在理清市县公司工作界面的同时，明确规章制度的衔接点，市县联动，整体推进制度体系建设，从而提升通用制度在基层的执行力。

（4）"1+2+3"闭环管理机制的特色亮点：

1）多层级培训，形成制度宣贯中坚力量。分解宣贯责任至制度责任单位，通过专业培训与全员培训开展制度宣贯培训工作，使培训对象覆盖到公司各层级。通过不同层级的培训，为制度的理解沟通提供平台以共同探讨制度实施中需解决的各项问题，同时打造层层培训、全员培训的队伍，实现通用制度向公司各"边角"宣贯延伸的机制。

2）强化风险预控，确保规章制度体系协同贯通。充分预判在"三集五大"体系建设过程中制度和流程的管理真空风险，同步在机构、职责、人员调整时完成规章制度调配，做到新旧制度有机衔接，避免因人废事、因人变制、新旧制度相互脱离的现象发生。同时，规章制度管理委员会每月一例会，协调规章制度建设和管理工作中的重要问题，保障在制度修编过程中，与上级制度内容对接，与标准体系的流程对接。

3）构建制度闭环管理模式，推动制度落实应用。公司构建制度全过程闭环管理模式，以考促学，进行制度、流程再梳理、再分析、再细化，确保每一项的国家电网通用制度、所适用的上级单位规章制度及本单位规章制度契合本单位专业、岗位及工作流程。规避"宣传、应用"的传统模式，强化制度执行实施后的后评价工作，并根据后评价结果对制度进行有效的修订完善，通过制度闭环管理模式的创新，进一步明确并强化了相关责任部门及责任人的责任，提升制度落实方案的可行性，缩短疑问提交及解决时限，有效推动制度落实应用。

 3.4 计划管理精细化

全能型供电所的建设已经成为当今电力事业发展中不可阻挡的重要趋势，全能型供电所具有需求响应快、服务周全性以及员工工作高效性的特征，但其实供电所的员工队伍还需要进行进一步建设，发展复合型员工队伍，以此来满足全能型供电所的工作需求。

首先全能型的供电服务能为客户提供高效、高质的专业服务，能实现快速地服务响应。就客户的诉求能在短时间内容进行答复和处理，结合标准化的服务管理工作，有效提高了供电服务的质量与效率。通过对供电所内部流程的有效梳理，提高业务效率，实施客户的细分，开展针对性的服务，确保服务需求的快速响应。全能供电所的需求快速响应，能为完备的网格化建设提供有力支撑，保证能实现的台区经理制的管理模式，将整体转化成为网格，变"坐等"服务为"上门"服务，增强了客户诉求的快速响应与处理能力，打造一口对外供电服务模式，实现了供电服务的"零距离"，服务区域的"全覆盖"以及客户诉求的"全响应"特色。计划管理的培训见图3-6。

全能供电所还有服务周全性的特点，其服务是一次到位。一般意义上来说，供电所的服务周全性主要有两个方面：

（1）用电客户来到营业厅进行业务办理时的服务周全性；

（2）电力行业员工上门，直接到客户家里进行服务的周全性。

电力部门除了一些的常规员工业务培训外，还建立了合理的机制，尤其是"全能型"乡镇供电所建设工作的开始之初，需要强大的员工队伍为"服务周全性"提供力量支撑，按照现代十分发达的通信网络技术，可以以视频的方式为客户提供满足的服务。

图 3-6　计划管理的培训

全能型供电所员工工作高效。全能型供电所的特色为融合紧密、业务多样、管理科学、服务高效、职能丰富等。随着供电业务的协同运行、供电员工的一专多能、供电服务的一次性等都是“全能型”供电所的进一步建设。全能型供电所能实现人力、物力、财力的高度集约，使管理变得更加精益化，且能在发展的基础上，实现供电所的服务能力，保证服务方法变得更加及时、有效，服务手段也更加便捷。供电所能全天候、多样化以及个性化的为客户提供供电服务，充分满足广大客户的用电需求，为供电企业创造出更大的经济效益。

为实现一专多能型的人员培养，我们对人员的各个方面分别进行培养，实现对人员的最佳培养。

3.4.1　安全教育的计划建设

电力安全教育为电力企业实现安全生产及电力职工掌握安全生产规律、提高安全防范意识和能力，提供了必要的思想和知识保障，是电力企业安全生产管理不可或缺的重要组成部分。随着电力工业的发展，电力科技水平不断提高，时代赋予电力企业安全教育崭新的内涵；电力企业改革的不断深化，电力企业竞争环境日趋激烈，对电力企业安全教育提出更严峻的挑战。

对于电网员工培训，安全教育极为重要。首先，安全教育是企业发展经济的需要。在现代生产条件下，生产的发展带来了新的安全问题，这就要求相应的安全技术同时应满足生产和安全的需要，而安全技术及相应知识的普及则必须要进行安全教育。其次，安全教育是掌握各种安全知识，避免职业危害的主要途径。只有通过安全教育才能使企业经营者和员工明白：只有真正做到"安全第一，预防为主"，真正掌握基本的职业安全健康知识，遵章守纪，才能保证员工的安全与健康，对防止安全事故的发生有积极的作用。然后，安全教育是安全生产向广度和深度发展的需要。安全教育是一项社会化、群众性的工作，仅靠安技部门单一的培训、教育是远远不够的，必须多层次、多形式，利用各种新闻媒体、多种宣传工具和教育手段，进一步加大安全生产的宣传教育力度，提高安全文化水平，强化安全意识。最后，安全教育是适应企业人员结构变化的需要。随着企业用工制度的改革，企业员工的构成日趋多样化、年轻化。一些员工安全意识淡薄，冒险蛮干现象严重；自我保护意识和应变能力较差，进行安全教育非常必要。

安全教育对于任何行业来说都极为重要，对电力行业也是如此。人才的培养，安全教育是极为重要的一环，业务能力的强弱都建立在保证生命安全的基础上，只有在培养人才的同时，让他们对安全问题足够的重视，才能保证人才学有所用，保证各部门的可靠运转，保证全能供电所可靠运行，保证电网的供电可靠性。

3.4.2 个人素养的计划建设

在众多历史因素的影响下，全能型供电所的工作人员存在年龄偏大，员工思想比较保守，缺乏创新意识与能力，总体业务素质不高；而且还存在一人多责、一岗多人的情况，其职责不清、遇事推诿以及扯皮的现象，这样的员工素质与客户对优质服务的需求以及国家电网公司自身发展要求之间有很大的差距。国家电网应当树立坚持以人为本的理念，提高全能供电所员工队伍的综合素质，对供电所人力资源进行不断优化，按照实际岗位需求进行员工安排，明确员工的职责；同时结合各个岗位考核细则要求，优化供电所员工的绩效考评体系和动态考核机制，使员工能不断提升自身素质。复合型员工队伍建设对员工个人因素提出了更高的要求，需要员工有较强的岗位胜任能力，这是全能型供电所复合型员工队伍对个人的特质要求。岗位胜任能力要求员工不仅要具备较高的工作素质，还要有较强的工作能力，这里的能力是指员工应用专业知识来解决实际问题的技术和水平，包括了基本条件与任职标准两个方面。任职资格是员工能力的核心内容，复合型员工应具备较强的岗位胜任能力，能较快地适应供电所的不同环境、解决客户出现的各种问题。而且，供电所员工还要具备积极的工作态度，负责勤恳的观念意识，逐渐成为全能型供电所要求的复合型员工。

3.4.3　技术能力的计划建设

对于电网员工的技能培养需要通过几个方面进行：

首先，需要加强人力资源配套制度建设，提高员工学习技能的动力。成人必须愿意学才能学，只有受训者有动力去学习，或有学习的愿望，他们才会在培训过程中表现得非常积极和突出。企业员工技能培训必须解决的一个重要的前提是员工愿意学技能，为此电力企业要加强人力资源配套制度建设。一是要重视技能人才队伍建设，为技能员工提供成长通道，如设立首席技师、技能专家，将技能人才与技术人才、管理人才并重，一样培养、一样使用，并给予一样的待遇；二是企业提拔管理人员、领导干部必须长期坚持要有一定基层技能工作的经历；三是提高技能人才的待遇，分配向一线员工倾斜，对取得岗位技能等级工证书的员工，提高工资待遇；四是强化员工工作业绩考核，强化员工报酬与技能水平和工作绩效的联系；五是重奖在解决生产工作问题中有突出贡献、在各级各类技能竞赛中取得显著成绩的员工；六是将培训与员工取得技能等级证书、技能专家晋升联系，加强技能培训考核，将培训成绩与工资奖金联系等，以增加员工学习技能的动力，调动员工学习的积极性和自觉性。

其次，需要加强员工技能培训基础工作资料建设，提高培训的系统性和针对性。无论是国际劳工组织 MES 职业培训理论、加拿大的 CBE 职业培训理论，还是澳大利亚的 TAFE 职业教育培训理论，都有三个共同的培训基础——建立员工岗位能力模型、实行模块化培训，以提高员工岗位能力为目标。因此电力企业员工技能培训也应遵循这一理念，建立员工技能培训基础资料，该资料应包括以下几方面：

根据企业发展战略及员工队伍建设的要求，用人力资源开发理论，对电力企业主要工种员工岗位应具备的能力进行科学系统的分析，提出各工种技能员工岗位必须具备的能力要求，在知识、技能和职业素养等方面提出了具体的能力要求和标准。

知识包括：基础知识、专业知识和相关知识。基础知识是指为从事本职业种类工作、学习专业知识和技能所必需的基础知识，该种类的知识也被其他职业种类所使用；专业知识是指掌握本职业种类生产技能所必需的专业知识；相关知识是指从事本职业种类工作时，所涉及有关的关联职业种类的知识。技能包括：基本技能、专业技能和相关技能。基本技能是指涉及本职业种类内多个专业工作域的都用到的技能；专业技能是指从事本职业种类工作所必备的专业能力；相关技能是指从事本职业种类工作时，所涉及有关的关联职业种类的技能。职业素养：是指做好本职业种类工作所必须具备的职业素养。职业素养是员工对职业了解与适应能力的一种综合素质体现，培训主要考虑员工职业能力方面的需要，主要包含法律法规、职业道德、企业文化、沟通与协调、团队建设、电力应用文、技能培训传授技艺等内容。

然后，需要建设必要的培训设施，满足员工技能训练的需要。员工操作技能不可能在课堂里能练成，也不可能听取培训师讲解或演示就能练成的，必须要让学员亲手操作、反复训练才能形成。因此企业员工技能培训，必要的培训设施是技能培训的前提。培训中心应具备与生产现场同步的设备、系统，或仿真设备、系统，工具、仪器、仪表等培训设施，而且要能满足培训学员训练工位的需要，以保证培训效果和效率。企业要制定培训设施建设规划和年度计划，要有年度培训设施设备建设预算，并能将设备建设费用纳入企业生产建设成本，并对项目建设情况进行跟踪管理。设备还要与生产现场同步，不断更新换代，只有在这样的设备上培训出来的员工技能，才能在生产现场具有实用性，才能解决实际问题。

之后，建设高素质的兼职培训师队伍，保证培训教学效果。国内外著名企业都十分重视兼职培训师制度，美国的通用电气公司、中国的江淮汽车集团公司都在培训中以兼职培训师授课为主。通用公司前总裁韦尔奇在任期间 200 多次到公司培训中心讲课，江淮公司有很多工程师、管理师、技师，同时也是培训师，公司中层管理人员必须拥有培训员资格，每年要完成规定学时数的授课，否则一票否决其任职资格。现在电力企业培训中心不仅承担培训任务，而且要承担培训设施建设、课程开发、教材编写、课件开发等工作，还承担员工职业技能鉴定、承办技能竞赛等工作。培训中心现有的专职培训师队伍无论是数量、专业结构，还是专业工作能力和经验都不能满足以上工作要求，特别是难以满足技师、高级技师等高技能人才培训需要。而外聘的培训师，一是难以找到满足电力企业员工技能培训需要的培训师；二是培训成本太高；三是长期大量的培训教学任务，外聘的培训师不能保证。

最后，需要加强培训过程管理，不断提高培训效果。培训过程管理总体上应严格按照培训要求，做好确定培训需求、设计和策划培训、提供培训、评价培训结果四个阶段的工作，并对这四个阶段的工作进行监视，不断改进各阶段的工作，以提高培训质量。

全能型供电所要求复合型员工队伍需要具备较强的技术能力，供电企业对员工开展专项技能培训十分必要。结合供电所营销管理环节比较薄弱的问题，组织员工进行专项培训，以此来保证培训活动的针对性与实效性；结合供电企业的营销项目还比较缺乏管理经验，可以在全市范围内举办项目管理的业务能力培训活动；结合存在敏感投诉工单的管控问题，可以对投诉进行分类、分专业的梳理，找出其存在的服务问题，保证以问题为基本导向，开展服务投诉的技能提升，或者是开展客户服务技巧的专项培训，提升员工的技术能力；结合电能替代工作人员专业知识不够的问题，编制电能可以替代工作手册与典型案例，积极进行电能替代的专项培训活动；结合供电所基础管理比较薄弱的问题，可以举办全市范围的供电所领导培训活动，提升供电所领导的管理能力以及解决问题的能力。为了进一步提升复合型员工队伍建设，可以按照"全流程、全业务、全岗位，实现提质、提速、提效"的原则进行竞赛活动，通过竞赛的形式，提高员工的整体素质，改善供电所的服务质量，提高员工的整体技术能力。全能型供电所领导可以按照一定区域范围，开展供电服务标准规范的宣传与贯彻培训活动，实现供电服务管理标准落实，保证供电所服务的规范性，进一步打造出"复合型"员工队伍建设，实现供电服务的高质、高效。技术能力的计划建设见图3-7。

图 3-7 技术能力的计划建设

3.4.4 发展能力的计划建设

全能型供电所还要求员工队伍需要具备一定发展能力,建立健全考核机制,激励供电所进行人才队伍强化建设,构建出人才管理体制与运行机制,推动供电所员工进行职业发展,不断完善员工的职业规划与未来管理体制建设。像供电所的营销专业人员也是要进行积极培训的,建设出一定管理办法和考评长效机制,推出员工年度的培训积分制度,实现员工服务能力与实际收入挂钩的原则,保证供电所服务能力的不断提升,继而员工也能进行积极地发展能力建设。

供电所可以建立出培训机制,积极贯彻与落实国家电网公司的人才发展战略,结合公司人力资源开发的战略与企业文化建设需要,进一步满足供电所管理工作的发展需求。

供电所长效培训机制的建立,涉及培训内容组织、培训方式的选择以及实际考核与结构的应用方式等,比如培训内容的筛选,可以结合常规性的岗位工作需求,安排偶发情况的应对处理。对培训内容的安排,按照由易到难、由浅入深的原则,保证培训的进阶性的特点。选择合适的培训形式,将常规性的培训与创新性的培训结合起来,保证培训方式的创新,灵活使用案例教学、现场教学以及沙龙论坛等形式进行授课,提高培训的有效性。还有培训的考核和结果应用,需要建立出一定考核和评价体系,可以将考核的结果,当作是上岗考核的重要因素,使供电所员工具备一定发展能力,实现全能型供电所的进一步发展。

3.4.5 一专多能人才的计划管理

"一专多能"人员的培养是为企业的未来发展打基础、增后劲的工作，通过发挥人力资源管理部门对劳动者本身任用、培训、考核、激励、升迁等管理职能，促使"一专多能"人员的培养和使用。

（1）发挥优势，健全制度。"一专多能"人员的培养是一项长期的工作，要列入企业的发展战略规划——即人力资源的开发管理规划中，分步实施，整体推进，发挥人力资源管理部门的培训优势和考核认定优势，发挥群众部门的组织优势和活动优势，建立规定建立制度，设定目标，确保计划的保质保量有效实施，以办事业的态度促进培养工作的持续性。

（2）健全"一专多能"人员培养的制度保障体系。发挥组织优势，要成立"一专多能"人才培养的专门管理机构，使企业在政策上、物质手段上向"一专多能"人员倾斜，为职工学习多能技术创造良好的外部条件；职工在取得多能工种后，岗位的设置和待遇的落实等问题，都要有明确的管理制度和操作办法。对能够从事多种工作并充分发挥作用的操作人员给予技能津贴。

（3）健全"一专多能"人员使用的激励奖罚体系发挥人事管理的考核优势，确保"一专多能"人才在企业内部真正发挥实效。对技术人员加强日常管理和业绩跟踪考核工作，把考核结果与工资待遇挂起钩来，对于取证后不能在岗位上充分发挥作用的操作人员，要取消其技能津贴和相关待遇。使考核工作真正落到了实处。

（4）加强管理，工效挂钩。培养人才的目的在于使用人才。企业花大力气培养出了"一专多能"人才，如果不能使人尽其才，才尽其用，就会造成劳动力资源的再次浪费。但要真正使"一专多能"人员学有所用，至少要满足三个条件：

1）取得"一专多能"操作证的人员工作责任心要强，要精力充沛，能胜任多能工种作业；

2）在本职工作外从事多能工种作业的人员，企业要按照多劳多得，按劳取酬的原则，落实相应的待遇；

3）"一专多能"人员在从事多能工种时要贯彻"保证安全"的原则，要协调好岗位之间的关系，不能使兼职人员存在事故隐患，保证"一专多能"人员发挥积极作用。

4

供 电 所 服 务

　　2017年初国家电网公司营销（农电）工作会议，提出打造业务协同运行、人员一专多能、服务一次到位的"全能型"乡镇供电所，这是乡镇供电所由专业化向全能型的一次升级转型。目前，乡镇供电所管理工作中仍存在管理基础薄弱、新型业务推广滞后、服务手段单一，制约了乡镇供电所管理水平的进一步提升，随着电能替代推广、充电桩的快速建设，以及"大数据""互联网＋"等带来的服务方式的转变，给乡镇供电所提出了更高要求。在这样的形势下，积极推进供电所服务新模式，融合更紧密、业务更多样、管理更科学、服务更有效、职能更丰富，将成为"全能型"供电所的最大特色。

　　如何有效提升"全能型"供电所服务水平，这就要我们积极开拓供电服务市场，探索多样化服务模式。本章将从"大数据"服务、"互联网＋"服务、个性化服务和综合能源服务等方面介绍智慧"全能型"供电所优质服务。

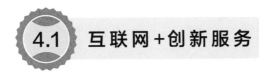

4.1　互联网+创新服务

　　随着信息化的发展，供电企业的发展环境在不断变化，社会也对电力营销技术和供电服务提出了越来越高的要求，这加大了供电企业的营销难度。

在这样的背景下，供电企业要想稳定发展必须要提升其服务质量。基于"互联网＋"模式的保修、办电与购电服务，为"一所一特色"的"全能型"供电所提供了总体解决思路和途径。"互联网＋"服务模式见图 4-1。

图 4-1 "互联网＋"服务模式

4.1.1 互联网+报修服务

一般情况下，客户用电发生故障以后是通过电话报修。报修工单到达国网 95598 客服中心后，需要根据流程逐级下达抢修工单，节点多、耗时长，传递速度较慢。基层单位接到抢工单后，也只知道客户的大致位置，无法了解抢修人员距离客户的准确位置，难以快速安排距离客户最近的抢修人员到场处理。客户通过电话报修后，只能被动等待抢修人员到场，不能便捷准确地了解抢修工单的进展情况，无法直接联系具体抢修人员。抢修完成后客户只能被动等待 95598 电话回访，无法主动对抢修人员的服务水平进行评价。

针对上述问题，互联网＋保修服务可通过拓展现有掌上电力 APP 功能和开发抢修 APP，实现客户通过手机 APP 进行报修，抢修人员通过手机 APP 接受工单改变传统的逐级报修服务模式，在完善工作职责、流程、制度、标准、考核体系的同时，建立了"智能派单、自动定位、规范作业、提升绩效"的新型电力报修作业模式。

4.1.1.1 客户通过电话或手机 APP 进行报修

客户通过电话或手机 APP 进行报修，报修工单由国家电网公司 95598 客户服务中心直接派发到属地基层供电所，缩短了反应链条，提高了抢修效率。

4.1.1.2　供电所内勤人员与客户沟通并进行智能派单

抢修工单到达供电所后，由供电所内勤与客户进行电话沟通，对于需要现场处理的，经监控指挥系统对报修工单进行智能分析，第一时间分派至能够最快到达现场的抢修人员。抢修人员接受工单，快速反应、及时处理。如此时多处有故障抢修工作时，可把工单派发给点对点距离相对比较近的抢修人员，给予支援，不囤积工作，加快客户故障的处理速度。

4.1.1.3　抢修人员接单并奔赴故障现场

抢修人员使用手机 APP 接受工单后，通过 APP 查看报修信息及客户地理位置，预估到达现场时间，立即奔赴故障现场。抢修人员接单后，客户可通过手机 APP 查看抢修人员姓名、照片、联系电话、地理位置及预计到达时间，实现与抢修人员的互动。

4.1.1.4　抢修人员以专家辅助系统为支撑进行故障处理

抢修人员到达现场后，对故障进行确认，并在手机 APP 中选择处置措施。APP 将自动筛选并关联对应作业指导卡。作业指导卡针对各种故障类型对应的典型处理措施，实现故障处理分步指导。抢修人员根据 APP 提供的作业指导逐步开展现场操作，实现原有作业指导体系在一线工作中的落地。抢修人员如遇到困难，还可以通过文字、语音、电话和视频 4 种通信模式，多方通话，实现远程在线会诊，获得公司级专家团队的指导帮助。在抢修过程中，抢修人员还可以通过手机 APP 进行客户档案查询，直接查询购电明细、电能量信息等客户档案，以改变之前需要电话联系内勤协助查询信息的传统方式，提高抢修效率。故障修复后，抢修人员通过手机 APP 进行远程回单，输入方式可为语音输入及语音转换为文字等多种方式，实现工单归档备注等信息快速录入，提升 APP 功能的人性化程度和工作效率。抢修完成后，客户可通过手机 APP 对抢修人员的服务质量、服务态度等进行评价。

4.1.1.5　在试点供电所推行"全能型"供电所创建

将试点供电所现有营销班、配网班、装表班成员进行整合，按照管理的户数和地域特性，分为内勤班和外勤班。内勤班负责统一指挥、协调、分析、监测、派单等工作；外勤班的每名员工等同于网格员，工作包括优质服务、现场安全、廉洁安全、计量采集、低压抢修、低压运维，从根本上实现营配贯通的末端融合。

4.1.1.6　开展业务强化培训

对"全能型"供电所外勤班和内勤班人员开展培训，逐步提升每名员工的综合工作能力。外勤人员应具备保证安全工作能力，具备居民报修故障、低压计量接户线、采集运维等各环节故障的处理能力，能够熟练操作手机 APP、计算机及相关信息系统。内勤人员应具备良好的与客户沟通能力，能够熟练使用计量采集系统、故障报修系统及可视化互动抢修系统，具备通过电话对现场故障进行初步分析、判断及指导抢修人员现场处理故障的分析能力。

4.1.2　互联网+办电服务

为加快推进"互联网＋"营销服务工作，2017 年 11 月 25～28 日，国家电网公司在上海成功举办 2017 年国家电网公司"互联网＋"电子渠道运营知识与功能技能竞赛，涌现出了一批优秀的创新成果，在服务"三农"、智慧生活、综合能源服务、共享服务或社交服务、助力企业降本增效、智慧用电难点破解等方面发挥了积极的作用。以下各个基于"互联网＋"的办电服务案例，助推"互联网＋"营销服务工作更好更快地发展，保障人民群众方便快捷高效用电。

4.1.2.1　"农 e 宝"服务"天下粮仓"

河南省素有"天下粮仓"之称，服务好"三农"发展，是国网河南省电力公司的不懈追求。"农 e 宝"聚焦"三农"季节性、临时性、公用性用电特点，以"大云物移"和微应用为技术支撑，通过对电力营销业务流程再造，率先运用 NB－IoT 通信技术到用电信息采集系统，提升了自动抄表、远程控制的时效性和稳定性，实现客户用电无门槛、零手续、即扫即用，打造"极简极速"新体验。

"农 e 宝"客户端是一款可嵌入式 APP，其客户端实现首页地图、扫码用电、预约服务、预约用时、布点建议、变压器租赁、意见反馈、告警监控等功能，还可通过短信方式满足非智能手机客户的需求；其后台融合了营销、采集、供电服务指挥、"井井通"等系统功能，实现客户与现场智能设备的实时交互和控制。"农 e 宝"具有云端查询、即扫即用、通存通兑、约时约办、智能布点五大特性，解决了农村客户季节性排灌用电程序繁琐、临时性用电接电难、公用性电源不好找等客户"痛点"。通过办电手续更简易、用电过程更快捷、付费方式更灵活、电源布点更精准、插拔接入更便利等特点，有效提升了客户体验。该产品拥有 3 个发明专利和 12 个实用新型专利，正在河南省 107 个县推广使用，将惠及 5 039 万农民，服务 109.3 万眼机井，解决 295.8 万起临时用电需求，具备在国家电网公司及全社会推广使用的价值。

4.1.2.2 "慧"管家——您的综合能源服务专家

国网上海市电力公司开发的"慧"管家是一个基于"互联网＋"信息技术的能源集约化服务管理系统，充当着业务集约、信息共享、服务互动等一体化综合能源方案的提供者。实现智慧用能仅需三步：

（1）"汇"信息——汇聚多表信息，打破能源行业壁垒。拓展企业客户覆盖面，实现多能源资金归集管理，缩短资金在途时间，支撑电企向综合能源服务商的转变。

（2）"慧"分析——构建"CEA"数据模型，推行能源优化方案。构建出客户用能分析 CEA 数据模型（Cus-tomer Energy Analysis），提供用能诊断分析报告和能源优化方案。

（3）"惠"能源——指向能源经济，活化客户需求侧响应机制。在 CEA 数据模型中引入需求响应和经济效益评估指标，促进客户能效提升、社会绿色发展。"慧"管家针对客户，提供量身定制个性化方案；针对电企，提升能源市场的核心竞争力；针对社会，形成节能环保的绿色环境，最终实现客户、企业和社会的闭环共赢。

4.1.2.3 "电魔方"——您的家庭用电服务好帮手

"电魔方"是由国网浙江省电力公司开发的一款面向居民客户的增值服务产品，基于数据挖掘和物联网技术，以微应用方式嵌入"掌上电力"等现有电子渠道，包含"好用电""搬新家""智生活"3 个模块 9 项功能。主要创新创意点如下：

（1）延伸服务，探索运营新思路。以微应用方式嵌入"掌上电力""电 e 宝"等电子渠道 APP，增加与客户的接触点，提升互动频次，拓展全过程线上用电服务，吸引客户持续关注，满足居民美好生活需求。

（2）提前布局，助推家庭电气化。提供电采暖选型、电路布线设计等专业化建议，指导客户合理配置电气容量，为家庭用电升级提供安全保障。

（3）深入表后，创新增值"服务＋"。作为面向居民客户的增值服务产品，以智能硬件为载体，获取客户用电行为数据，融合电力营销业务数据，丰富客户标签库，为差异化增值服务创造条件。

（4）多方合作，构建电力生态圈。整合国网电商公司、北京国电通网络公司、房地产开发商、家电厂商等各方资源，为客户带来更多维度的用电服务享受，实现多方共赢。项目为客户提供了更专业的用电指导建议、更智能的用电消费分析、更增值的一站式消费解决方案，直观地呈现费用测算结果，打消用电疑虑，提升客户满意度。通过对接客户消费升级需求，构建"产品—客户—渠道—合作商"逐层扩展、多方融合的电力生态圈，已与房地产开发企业、家电厂商、家装公司等198家企业签订了战略合作协议。

4.1.2.4 基于能源大数据的智慧用能互动 APP——"掌上电力＋"

国网江苏省电力有限公司基于能源大数据平台，以"立足客户视角、主动感知需求、价值驱动服务"为产品设计理念，主动发现客户需求，变业务驱动为价值驱动，以"挖掘能源数据价值，变革互动服务模式"为产品宗旨，顺应电力市场需求，瞄准高价值企业客户，创新打造升级版"掌上电力＋"APP 应用。产品融合"大云物移智"等前沿技术，深度挖掘能源数据价值，构建客户全景用能指标，实现对客户用能变化的实时捕捉、需求的深入洞察、服务的精准推送，帮助企业提高用能效率、优化用能结构，推动全社会节能减排。

"掌上电力＋"APP 涵盖"我的用能""用能服务""用能市场"三大功能。"我的用能"展现客户用能信息，构建客户用能健康指标，实现客户用能实时感知；"用能服务"利用大数据技术智能挖掘客户需求，精准推送用能诊断、行业对标、能效报告、需求响应等服务，主动引导客户优化用能，构建新型的线上互动服务模式；"用能市场"整合设备代维、节能产品、能源交易等周边资源，打造用能新业态，实现能源市场价值共享。

"掌上电力＋"APP 具有三大优势，实现"数据＋""服务＋""价值＋"内在整合，为客户提供更透彻的感知、更智能的引导、更卓越的运营，打造更贴心的综合能源智慧管家。全面增强"掌上电力"客户黏性，助力国网江苏电力由电能供应向综合能源服务的转变。

"掌上电力+"APP旨在通过客户用能自我管理,构建"一个触点、全面智慧用能"的线上互动新模式,推动"互联网+"电力营销新服务、新业态发展,塑造国网江苏电力以专家智慧、数据运营、品质服务为核心的市场竞争力。

4.1.2.5 "e电园"——助力园区腾飞

为提高市场竞争力,巩固供电企业在电力生态圈中的主导地位,掌握核心资源是制胜的关键。为了服务工业园区的重点优质客户这一核心资源,国网四川省电力公司设计发布了"e电园"园区供电服务平台。本产品以工业园区、物流园区、科技园区等产业园区及进驻企业作为目标客户,以该类客户用电服务及信息供需服务为目标市场,以客户需求为导向,充分融合"互联网+"手段,致力于打造一个产业园区客户用电业务线上办理、信息互通共享的服务平台。其主要包括"我的园地""用电园地""能效园地""金融园地""动态园地"5个功能板块,充分满足当前园区客户用电诉求及服务体验,实现用电信息趣味查询、用电业务快速响应、用电效能优化提升、电量电费降本增效、供需资讯信息共享。"e电园"在以下3个方面有所创新:

(1)管理理念创新。主动适应"电改"新形势,聚焦多元化售电格局竞争中产业园区这一重要、特殊、敏感的"关键少数"客户对象,深度分析园区群聚效应和需求痛点,精准定位,主动作为,挖掘新的价值增长点,创新电力经济发展新模式,实现电网企业从电力能源供应商向综合能源服务提供商的转型。

(2)服务手段创新。提供多元化线上服务渠道,致力于搭建满足园区客户全方位服务诉求的信息交互共享平台,量身定制精准化、个性化的综合服务,搭建服务园区的能源服务体系,提升企业智能办电效率,减轻企业生产经营压力,极大地提升客户满意度。

(3)盈利模式创新。"以电为媒,共谋发展",致力于打造园区产业生态圈,延伸供用电金融服务链条,拓展预付费理财、票据贴现、聚合交易等新盈利增值空间,降低客户用能成本支出,实现电、企、园共生共荣。

4.1.2.6 "共享电工"——用心点亮生活

"共享电工"是国网湖北省电力有限公司开发的一款基于移动互联网技术的电工服务产品,该产品融合了共享经济的运营模式,通过整合多类电工资源,为客户提供足不出户的电工到户服务体验。

（1）问题导向，激活自有渠道潜力。该产品的投运打破产权运维责任边界，解决了因业务盲区引起客户不满投诉的痛点问题，完全可以成为一个巨大卖点植入"电 e 宝"平台，引导和培育客户逐步形成"线上办电、充值支付、故障报修"等全业务在线办理的消费习惯，充分激活国家电网公司自营电子渠道客户活跃度和留存率。

（2）借力打力，服务"最后一公里"。随着客户用电服务需求的日益增长，基层服务力量不足的问题日益明显，而社会上存在着大量不在电力系统范围内的电工。通过运用先进的互联网技术手段，建立规范的管理制度及科学的考核机制，将社会电工力量引入"共享电工"平台，是打通"最后一公里"的最优方案。

（3）全面延伸，打造全新产业价值链。伴随着平台业务量的不断增长和业务范围的不断延伸，该共享平台未来可逐步发展成为一个服务家庭、社区乃至全社会的公共服务平台，其平台入口、数据信息、计算能力等资源将得到更好应用，带动周边产业的生态发展。未来，当这一平台融入智慧城市发展的大舞台中后，还将呈现出更大的价值挖掘空间。本产品技术平台采用通用技术架构和技术路线，采用与"电 e 宝"相同的账户注册规则（以手机号作为注册账号），可便捷地实现与国家电网公司自有电子渠道打通及集成植入，植入后可快速在国家电网公司范围内推广应用。

4.1.2.7 "江小电"——贴心的用电小管家

体验经济时代，电力品牌在客户体验层面存在缺位。相较于成熟的第三方支付及社交平台，如何拉近品牌和客户之间的情感距离，切实提高自有线上渠道的客户注册和活跃客户数，成为我们迫切需要解决的难题。

国网江西省电力有限公司从客户体验出发，以"大道至简"的理念，精心为客户打造了一位用电小管家，它就是"江小电"。"江小电"在向客户提供贴心服务的同时，与业务功能强大的"掌上电力""电 e 宝"等有机融合、互补，采用无感知营销的方法助力"互联网＋"营销服务。

想客户之所想，打开 APP，客户最关心的信息跃然于眼；急客户之所急，精准的消息推送，变被动服务为主动服务；解客户之所难，提供"找电工""开/关电表""家电档案"等实用功能，吸引客户；与客户之所利，简单游戏，轻松赚取能量币，用"资产"留住客户。

"江小电"是在国内"互联网+"大环境、电网企业信息化发展高要求、电力客户迫切需求的共同作用下，造就的一款移动互联产品。产品设计既符合国家电网公司整体信息化建设规划，又深度挖掘了90%以上的居民客户普遍需求，产品可在国家电网公司范围内推广使用。

好的产品是在迭代中进化的，而不是在一次性设计上线就能达到最后的目标。国网江西电力计划通过运营侧及客户侧的反馈，不断完善产品需求，打造一个持续提升客户体验的用电营销服务APP。

4.1.2.8　营配一体化移动作业APP

为进一步提升基层一线班组移动作业水平、业务技能水平，提高客户服务响应速度，量化一线人员绩效管理，推进"全能型"乡镇供电所建设，国网北京市电力公司以营配业务端融合为基础，整合现有低压抢修、营销现场服务移动应用，创新研发"营配一体化移动作业"APP，实现低压抢修、采集运维、服务申请、知识库查询、在线考试、绩效统计六大功能融合于一个移动作业APP应用，实现一线班组"减负增效"，通过了系统安全测评和试点应用。

"营配一体化移动作业"APP的开发与应用，正是以客户需求为引领，以"服务一次到位、人员一专多能、业务营配合一、信息平台一体化"为管理目标的一次实践。通过APP的应用打破原有专业划分界限，构建更加科学合理的工作流程和更加科学客观的绩效评估考核体系，提高了一线员工的积极性及工作效率，打造了"服务全能、素质全能、装备全能"的"全能型"供电所，为客户提供"全科受理、统筹处置、优质高效"的全能服务体验，不断满足客户新需求。

自2017年4月上线以来，国网北京电力用APP处理抢修工单19 124件，采集工单85 439件，移动处理率达到96.96%。平均缩短客户等待时间20%，缩短工作处理时长35%，投诉数量下降49.34%，客户满意度大幅提升。

4.1.2.9　集团户线上交费解决方案

随着电力体制改革的深入推进，电力市场逐步形成了"多买方、多卖方"的竞争新格局。研究通过"互联网+"营销服务提升客户服务满意度和企业竞争活力，已经成为关乎企业生存发展的重大课题。连锁企业用电余额管理、统一购电繁琐一直是困扰用电企业和电网企业的难题。

国网天津市电力公司为解决连锁企业交费困难的问题，从客户需求角度出发，以"便利、快捷、无忧托管"为理念，针对"集团客户"在购电、用电、管电过程中遇到的难题，提出了"一次合并、1s交费、一键查询、一张发票"的"四个一"服务新模式，首次提出多户号线上交费解决办法，结合客户痛点，借助"电 e 宝"平台资源，提出了集团户管理、集团交费、电能量趋势、预警设置、电子发票等一系列集团户线上解决方案。

方案实现了多户号集中管理，金融理财与电费缴纳结合，多户号对比电能量展示、预警设置，户号电子发票等功能，不仅给客户提供了便捷的集团交费、代扣体验、理财收益、可视化展示、票据开具等，而且减轻了营业厅压力，增加了集团户线上交费黏性，提高了客户的满意度，积极响应开展"互联网＋"智慧用电服务的要求。

4.1.3 互联网＋购电服务

另外，国网北京电力不断提升"互联网＋购电"服务，居民足不出户就能购电。2015 年年底，国网北京电力基本完成了 780 万具居民智能电能表的免费更换工作。在此基础上，为全面提升客户购电服务体验，国网北京电力构建了"互联网＋购电"服务平台，居民足不出户，就可以通过"掌上电力"APP、微信、支付宝等多种网络渠道便捷购电。

如同现在国网推出的"电 e 宝"，它是集公共事业交费、电力在线服务、金融交易服务于一体的民生服务云平台。"电 e 宝"立足电网主营业务，深化"互联网＋营销服务"，以电费代收为基础，拓展了电费代收、电费代扣、智能交费、电子账单、电费小红包等核心功能。同时，基于交费场景创新推出电费金融产品，面向用电客户提供"交费＋理财"综合服务。目前，"电 e 宝"服务范围覆盖公司经营区域，已具备全网推广条件。其主要的功能如下所示。

4.1.3.1 居民电费代收

"电 e 宝"居民电费代收服务覆盖公司经营区域内 27 个省（自治区、直辖市），支持快捷支付、网银支付、理财产品余额支付、扫码支付等便捷支付方式。同时，"电 e 宝"提供户号绑定、实名认证、消息推送、用能分析等服务。

服务农电收费业务,"电 e 宝"为农电工开设专用账户,实现农电工线上电费代收,并通过配备蓝牙打印机,向用户实时提供交费票据,方便广大农村客户交费,实现交费全程记录与监控。

4.1.3.2 居民电费代扣

居民电费代扣是"电 e 宝"推出的线上便民服务,用户在"电 e 宝"进行电费代扣线上签约,即可享受电费自动交纳。当智能交费用户达到电费阈值(或后付费用户电费账单发行)时,营销系统将客户的应交电费金额传送给"电 e 宝","电 e 宝"按照客户预先设定的扣款顺序,从客户的"电 e 宝"余额、银行卡、理财产品等多种类账户中完成电费扣款,从而规避因客户欠费导致的停电风险。此外,"电 e 宝"支持集"交费+理财"于一体的金融产品进行电费代扣,将便民交费与投资理财相结合,让客户在享受投资收益的同时,完成电费自动交纳,实现"便利生活、乐享财富"。

4.1.3.3 智能交费

(1)在线签约。用电客户可通过"电 e 宝"进行线上智能交费协议签约,核实客户信息,设置欠费提醒值、停电提醒值,完成线上智能交费协议签订与更新。

(2)消息推送。通过定制消息推送格式、内容、频度规则,将电量、电费、电价、停电通知等信息主动推送至用电客户。

(3)自助复电申请。用电客户在购电成功后,由于电表、系统、网络、人工延迟等原因未能及时完成复电的,客户可在"电 e 宝"申请自助复电。申请成功后,电力公司自动为用电客户完成复电,无需再次联系供电公司进行人工复电。

4.1.3.4 电子账单

"电 e 宝""我的账单"可提供用电客户每月用电明细查询服务。客户在开通智能交费后,添加用电地址,待每月电费账单发行后,即可查看月用电量及电费情况。同时,"我的账单"支持快速电费交纳。电子账单可提供近十日用电情况展示,用户能够清晰获取近期用电趋势。此外,趣味账单以多样化图表形式,直观展示用户每月用电比例、能耗情况和碳排放量等统计信息,为用户提供丰富的用能分析。

4.1.3.5 电费金融

"国网电商金融"依托"电 e 宝"电力交费业务场景，利用金融科技手段，率先在公共事业领域创新推出"交费＋理财"新型交费方式，通过"活期宝"和"交费盈"等理财产品为客户提供资产保值增值服务，同时开展电费代扣代交，真正实现便民服务，践行"普惠金融"。目前，"国网电商金融"涵盖投资理财、保障保险、消费信贷、VIP 服务等业务，包含活期理财、定期理财、基金理财、薪资理财及保险、信贷类等多种金融产品与服务。

4.2 个 性 化 服 务

经济发展带动了人们的用电需求，需求的多样化也需要服务工作做出个性化的改变。大数据能提供全面多样的信息数据，电力服务需要通过分析，了解用户的需求心理，让电力服务有更明确的目标，并根据不同用户的具体需求制定有针对性的个性化服务方案。

4.2.1 新时代下的挑战与需求

在大数据时代下，供电企业的发展面临着前所未有的机遇，也承受着巨大的考验。当前，大数据已经成为各行业改革的重要依据，电力企业的生产、运行以及管理都受到大数据的影响。电力服务在电力企业中的作用很重要，企业需要创新电力服务策略以适应大数据时代的要求。

（1）服务理念已经落后，在科学技术的推动下，各种新型能源的产生影响电力能源的市场竞争力，在这种情况下，服务设计并没有做出相应的改变，还是把业务向导作为核心，没有考虑到客户的需求和市场的状况，服务管理机制也存在一定的问题，没有以客户为中心；

（2）服务业务功能不够完善。没有制定科学的服务政策，缺少必要的技术研究，不能有效的开拓市场，服务机制不健全，存在一定的功能缺失问题；

（3）电力服务的效率比较低。

在电力服务工作中，人员和设备配置不合理，服务工作缺少企业其他部门的支持，对于供电中出现的一些问题缺少必要的合作协同。

4.2.2 个性化服务的实现

4.2.2.1 分析消费者的需求

数据规模量巨大，种类繁多，形式多样，是大数据的突出特点，电力企业要想提高服务工作的效率，必须掌握消费者的需求和心理，这需要通过大数据的辅助来完成。对大数据进行分析，挖掘用户对电力的需求心理，分析其用电行为特征。根据分析结果，开发新型产品，满足用户需要，并改变服务模式，完善服务管理体系，为用户提供更便捷的服务，从而获得用户的信任，树立良好的电力品牌形象。

4.2.2.2 制定个性化的服务方案

大数据能提供全面多样的信息数据，电力服务需要通过分析，了解用户的消费心理，确定固定的用电人群，让电力服务有更明确的目标，并根据用户的具体需求制定有针对性的服务方案，对不同的人群开展个性化的服务。经济发展带动了人们的用电需求，需求的多样化也需要服务工作做出个性化的改变，利用大数据的特点能够提高服务工作的精准化和个性化，使服务更有针对性，提高服务质量，改善消费市场。化分消费者群体需要通过对大数据的分析才能实现，这样能够兼顾个体消费者的用电需求，对电力企业的发展有重要的意义。未来，个性化服务的地位会越来越重要。

4.2.2.3 开发新型电力服务产品

在传统的电力营销模式中，业务向导是营销的核心，这种营销管理在大数据时代背景下已经落后，因此，营销管理者必须改变营销策略，使其适应市场的需求，这样才能开拓电力市场。当前，一些网络游戏开发商在开发游戏之前，都要对市场进行调查，通过大数据分析玩家的需求和心理，根据分析结果开发游戏产品，使产品有更广阔的销售市场。电力企业应该借鉴相关的成功经验，合理的服务，满足不同客户的个性化需求，从而拓宽电力产品的销售市场。

综上所述，大数据时代给传统的电力服务方式带来了严重的冲击，电力企业要及时改变服务策略。利用大数据的优势，规避大数据带来的风险，完善服务管理体系，促进电力企业的发展，提高电力企业的市场竞争力，推动电力行业发展，从而推动国家经济的整体发展。

4.2.3 个性化服务案例

2017 年 11 月 30 日，国网浙江电力正式启用"互联网＋智慧能源"双创示范基地。在这里，来自国网浙江电力的青年创客们，充分发挥创新创意在能源转型和优化配置中的关键作用，打造"互联网＋智慧能源"新服务体系。其中，具有代表性的是"能量豆"客户评分体系和"臻享＋"会员服务体系。

4.2.3.1 "能量豆"客户评分体系

2017 年 11 月 30 日，国网浙江电力正式启用"互联网＋智慧能源"双创示范基地。在这里，来自国网浙江电力的青年创客们，充分发挥创新创意在能源转型和优化配置中的关键作用，打造"互联网＋智慧能源"新服务体系。2018 年 1 月，国网浙江电力能量豆客户评级体系正式面世。"能量豆"客户评级体系作为新型业务推广实施，遵循"规则简明、操作简便、信息公开、持续完善"的原则，面向低压"一户一表"居民客户进行评级。

"能量豆"居民客户分级是借鉴已有的客户信用评价主题标签体系，结合业务营销服务导向，基于基础信息、交费信息、用电信息、渠道交互信息等近 12 个月的客户用电历史数据，通过业务调研、专家访谈、挖掘建模等研究方法，从客户基础信息、交费行为、用电行为、交互行为、成长维度五个维度来综合确定客户"能量豆"得分。

目前浙江省通用的差异化服务中有居民电量查询，根据居民客户的等级给予查询不同天数的电量：极好等级的可以查询近一个月的电量，中等和优秀等级的可以查询近两周的用电信息，其余的客户都可以查询近一周的信息。优速通道：在营业厅设置超能客户专属窗口，出示"超能"卡，即可到专窗办理业务，享受客户经理专属服务。专属客户经理：为超能客户配置专属客户经理，供业务咨询和办理专人服务。表后故障服务：为超能客户提供故障上门维修服务。每年提供一次免费人工服务

4.2.3.2 "臻享+"会员服务体系

"臻享+"是国网浙江省电力有限公司"互联网+营销服务"创新基地研发的一款线上线下相融合的服务产品。该产品以"让高价值客户感受至臻服务，让贡献大的企业更加杰出，让智慧能源创造更大价值"为设计理念，旨在为高压用户提供各项增值服务。

"臻享+"自1月25日上线以来，杭州、宁波、湖州、温州、嘉兴5个试点单位以第一期上线功能为基础，在所辖区域内开展点对点的客户走访推广活动，为客户提供相应的设备体检、用电指导等，后续还将陆续推出面向客户的预防性试用、能效评估、安全工器具检测等服务，让"臻享+"产品被更多的高价值企业客户所熟知。客户经理们也借此机会深入企业检查设备，及时掌握用户经营状况和用电需求，并在无功设备的投切等方面给出了具体的建议，确保星级客户春节期间安全、可靠用电。截至目前，试点地市共走访了25家星级企业客户。在走访过程中，客户对本次上线的"臻享+"产品给予了高度评价，并对即将上线的一系列服务表达了极大的兴趣和期待。

4.3 大数据应用创新服务

中国经济转型离不开战略新兴行业的成长。大数据被认为是信息技术下一次重大突破的重要方向之一。在以前历次信息革命中，供电所主要扮演着学习者、跟随者和参与者的角色，而在这次突破中，供电所有可能在诸多领域取得领先地位。供电所结构、规模的迅猛发展决定了相关大数据的规模，并为未来供电所大数据研究提供许多创新角度。

4.3.1 供电所进入数据时代的意义

对于供电所而言，电力生产涉及的设备运行工况等实时生产数据，以及线损率、设备故障率、两票合格率、供电可靠性等方面的数据，电力运营和管理数据，如售电量、平均售电单价、电费回收率、用电客户信息、客户满意度、停电计划完成率等，共同构成了"供电所大数据"。由于供电所是供电企业的重要组成部分，是面向配网设备和用电客户的基本作业单元。通过研究分析供电所大数据，来规范供电所的业务，切实减轻供电所的负担、提高工作效率，已经成为电力企业深化应用、提升应用层次、强化电网专业业务一体化管控的有力技术手段。

4.3.2　供电所进入数据时代的特点

供电所大数据在电力安全生产、市场营销服务和综合管理过程中产生，数据来源涉及供电所电力生产和电能使用的配电、用电和营销各个环节。供电所大数据具有大数据的普遍特征，概括为"3V"，即量（Volume）、类（Variety）、时（Velocity）。

4.3.2.1　量大

供电所在配电设备状态、配电网生产运行、市场营销服务等领域产生海量的数据，而且数据量增长速度越来越快、数据量极大。

4.3.2.2　数据类型多

其主要来自供电所各类业务系统产生的电量、电费、资产管理等记录。

4.3.2.3　处理速度快

电力安全生产需要对电力供应、设备状态等生产数据进行实时处理。随着行业管理水平不断提升，客户服务等方面也要对数据进行快速处理，满足客户需要。

4.3.3　供电所实现大数据时代的方法

4.3.3.1　海量数据是基础资源

目前，供电公司虽然未全面实现智能化，但已经拥有了大量的数据资源，如 GIS，基于图形的地理信息系统技术将配电网建设、设备管理、运行维护等紧密结合起来，其中记录了变电站、馈线、变压器、断路器、隔离开关及继电保护等设备的情况，同时记录了开关柜开关状态、设备维护记录、设备属性等数据；营销业务系统、用电信息采集系统记录了客户缴费、业扩报装信息以及电能量采集、电能量异常、电能量统计信息等。日常工作中，可以运用营销业务系统进行抄表数据以及客户信息的录入与汇总，运用用电信息采集系统进行远程抄表数据的采集和查询，运用 GIS 进行设备位置查询，运用"营配一体化"系统进行工作票、工作任务的分配和记录等。通过对抄表数据的趋势分析可以判断客户用电是否符合规律；通过表计电能数据的波动可以判断客户用电异常发生的时间，及时发现窃电、违约用电行为；通过线损率数据与台区的地理位置信息缩小造成台区异常的范围，及时发现高损线路、高损台区及原因。通过对这些数据的采集、分析、跟踪、管理，能获取客户及设备真实的用电"足迹"。

4.3.3.2 负荷监测数据库的建立

负荷的实时监测是供电所对台区及变压器管理的重要手段，通过监测的数据，可以有效地反应台区用户的电压质量、三相负荷平衡度、变压器负载率和负荷率，甚至通过监测可以为客户是否窃电提供重要线索。具体研究方法如下：

（1）配电变压器监测终端的安装与应用：目前供电所正在开展全片区的配电变压器监测终端的安装工作。配电变压器监测终端的安装，通过系统后台的数据采集，计量自动化系统为 1h 冻结一次数据，其中包括电压、电流、电量等，同时通过台区首尾端客户的电压数据冻结，可以根据用电高峰和低峰时段的电压分析，从而判断是否需要调节变压器挡位。该项数据库建立方法：由于冻结数据皆在计量自动化系统中，所需要每天由一个人把当天的数据导出并导入在数据库表中，但由于每天数据量庞大，是否考虑系统升级，加入全所数据导出功能或者研究更好的方法。

（2）变压器挡位数据库建立：主要目的是结合负荷监测数据调整变压器档位，在建立数据库时可采用链接方式把两项内容关联起来，从而达到数据支撑管理的目的。

（3）台区信息数据库建立：建立一个完善的台区信息数据库，其中内容包括变压器信息、线路信息、用户信息、故障信息等。

变压器信息：铭牌信息、何时安装以及通过链接前两个数据库的信息。

线路信息：线径大小、电流负载情况等。

用户信息：计量信息、历年用电情况（可链接第一个数据库）、信用等级（可通过计量自动化停电次数、客户走访进行统计划分）。

（4）故障信息：通过故障抢修统计并把原因反应在数据库中。具体可包括故障元件、故障时间及地点、故障原因及故障危害等数据。

4.3.3.3　5W1H 法数据筛选

由于供电所大数据具有数据量庞大的特点，为了能更快速，更准确、更直接地提取所需要的重要信息，必须对海量数据进行合理筛选。智慧全能型供电所大数据筛选的基本原则是 5W1H。

5W1H 是 What、Why、Who、When、Where、How 六个单词的首字母，也被称为"六何分析法"，是一种思考方法，也是一种创造技法，即对选定的项目从原因、对象、地点、时间、人员、方法六个方面提出问题进行思考，是一种逻辑性更强、内容更深化、分析更加透彻的科学思考方法。

4.3.3.4　大数据应用

智慧全能型供电所大数据可应用于电力调度、检修计划安排、电网规模扩建等方面，进而提升供电服务质量；此外，还能有助于电网的经济调度运行，减少发电成本、线路损耗等。

（1）大数据提升供电服务水平。随着时代发展，客户要求已由原来的"用上电"转为根据客户业扩报装业务受理类型、要求送电时间、电价咨询办结情况等，利用 5W1H 分析法可以进行分类汇总业务办理类型。根据各类客户需求制定分类项目的供电方案模板，在第一时间可以尽快答复客户供电方案全部信息。根据电价咨询进行制定电价类目说明书，详细地说明分类电价类别、价格等情况，并进行事例演算，为客户提供一目了然的价位明细表。利用 5W1H 分析法根据客户办理业务时间进行调查研究，针对高峰时期进行科学动态排班。根据营业人员的能力规划各岗位的劳动强度，并有效提升员工的工作效率，在同样的工作时间内完成更多的工作，减少客户因排队等候、业务办理等待时间长、业务办理不规范等原因造成的不满意。利用 5W1H 分析法根据 95598 热线下达类型，进行供电稳定、用电安全、业务办理、故障报修等分类汇总整理，分析发现客户在供电服务中存在的普遍性疑问、普遍性不满等问题，及时进行针对性整治，调整工作方式，满足客户需求。

（2）大数据提升线损管理。通过用电信息采集系统、GIS，对各台区数据进行实时收集、分析、汇总、整理，实现数据可视化。通过图像，在逻辑思维的基础上进一步激发线损数据分析人员的形象思维和空间想象能力，洞察各类数据之间隐藏的关系和规律，运用可视化图形对各类台区进行分类，对低压线路进行分类并使用不同颜色区分制图，逐步对线损数据进行统一、简约、鲜明、实用、严格地筛选、清理、分析，迅速锁定线损异常原因。

案例：某台区连续 3 个月线损率大于 12%。线损人员结合采集系统、GIS 对该台区进行分析，排除了抄表、总表倍率不符等原因，最终锁定该台区存在利用电能表计窃电嫌疑。通过对该台区客户用电信息逐户逐月采集制定趋势图，最终发现了窃电户。

4.3.3.5　加强信息化建设

要想从根本上提升供电所数据管理的能力和电费风险控制的能力，就需要加强供电所的信息化建设。这样，在保证自动化的基础上，才能提升工作效率，保证数据的科学性。因此，应在供电所中全面应用了办公自动化系统、生产管理系统、营销管理系统、供电所规范化管理系统、现场标准化作业系统、95598 客户服务系统、线路地理信息系统、调度自动化系统、集中抄表系统等多个信息化系统。这样，对于电费的审计、核算、缴纳等都有一个清晰的数据表述。对于收缴到的实际资金也有一个精确的数字，这样才能保证真正实现电费的风险控制管理。另外，为了提升供电所的综合管理能力，也应在供电所内建立应急视频会议系统，建成了省、市、县、乡四级应急服务体系。农电工在本所内就可与局内会议实现同步收听、收看，减少了来回奔波的次数，提高了工作效率，初步形成了企业管理和信息化建设相互促进的良性循环。

在建设过程当中，首先要做好的就是积极应用配电现场标准化作业辅助系统，全面推行标准化作业，实行"现场标准化作业指导书"与"工作票"捆绑使用，一票对一卡，这样对于供电所管理工作而言，提供了巨大的便利。不仅降低了安全风险，提高了安全管理水平，形成了"人人讲安全、时时讲安全、处处讲安全"的安全氛围，而且在这样的氛围当中，工作人员严谨的工作态度和工作作风也会逐步形成，从而促使他们在进行资料管理和电费统计过程中拥有同样的谨慎态度。从而提升供电所资料管理效率，增强电费风险控制能力，同时，也大大地提升了供电所的综合管理能力。

4.4 增 值 服 务

近年来，电力行业呈现出诸多的大变革，这也就使客户侧能源技术变革成为发展趋势。借助于该趋势，我国的能源服务结构也相应地出现了变化，"优化能源供应结构，改变能源消费方式"也就成为我国的能源方面的改革目标。在"新电改"的背景下，电力企业向综合能源服务企业的转型是否是一种必然趋势，这需要我们对其展开全面的研究。下面将结合近年来的工作经验，就"新电改"背景下综合能源服务市场的催生进行研究，以推进我国能源市场的可持续发展。

4.4.1 综合能源服务市场概念

综合能源服务市场作为一种新型的概念，尚未发展成为一定的模式，这就要求我们要对其进行相关的明确与研究。目前，对于综合能源服务还没有统一且明确的概念。但是，我们业界对其基本特征已经有所把握，按照其概念特征主要可以划分为两个部分，第一部分，综合能源市场具有广泛的覆盖面，包括多种能源类型，比如电能、天然气、可再生能源等；第二部分，综合服务市场主要体现在电力企业给予电力客户的体验效果，比如咨询方面、施工方面、投资方面、运维方面等。如果对综合能源服务市场这一概念进行深度挖掘，就可以对其本质进行总结，综合能源服务市场就是各种新技术催生的产物，这必然会导致新一轮的技术革命和能源变革，并且能够在此基础上，催生出与之相对应的新型能源商业模式。目前，我国已经进入了互联网信息时代，"互联网 + 能源"的行业形态已经初步形成，但是这仍然是不够的，还存在着诸多的发展障碍，这就衍生出了综合能源服务市场。我们可以这样简单理解，综合能源服务市场是"互联网 + 能源"的行业形态的深化和升级，改变传统意义层面的工程模式，为广大的电力客户产生"点对点"的直接服务。

4.4.2 综合能源服务市场诞生的重要意义

4.4.2.1 有利于推进能源市场的市场化进程

所谓"新电改"就是将电力行业的发展模式进行创新化转变,将开放的市场体系引入到能源服务市场中,从而实现能源市场竞争的有序化,激发出各个利益主体的积极性,有效发挥电力能源对国民经济的重要作用。一般来讲,综合能源服务市场就是将电力企业的服务形式进行拓展,不断拓宽其服务渠道。下面以电力营销作为例子,阐述这部分的观点。以"新电改"作为分割线,"新电改"前,电力营销均是由电网企业进行全过程的负责,主要是遵循"发电企业—电网企业—电力客户"的营销模式,这种电力营销模式虽然具有其基本作用,但是作为单向性的销售模式,不利于建立起全方位的互动体系,不利于电力营销的长效作用发挥。"新电改"后,电力能源输配与营销环节进行了分离,呈现出比较独立的状态,由政府核定输配环节的电价,利用政府对电力能源价格的垄断优势进行规制。但是,在电力营销的阶段,电网企业已经向综合能源服务企业转型后,这就为电网企业提供了发展机遇,可以更为广泛地参与到国家开放的竞争业务中,对其自身的经济效益和社会效益都具有积极作用。

4.4.2.2 有利于推进能源行业的可持续发展

世界范围内,环境问题已经成为制约经济发展的重要因素,为了提升经济的可持续发展水平,需要将可持续发展理念引入到能源行业中,从而能够为电网企业综合能源服务市场提供动力。实践证明,要想实现经济现代化就必须要依靠低碳发展,这也是表明综合能源服务市场的必要性。也就是说,在"新电改"背景下,推进综合能源服务市场的发展就是推进能源行业可持续发展,这也是践行绿色经济的关键方面。总之,基于综合能源服务市场的发展体系,必然会对经济发展和环境保护这两个方面进行有效协调,最终能够实现绿色发展和循环发展。

4.4.2.3 有利于加强对能源互联网技术的应用

伴随着互联网技术的广泛应用,能源市场也开始向互通互联的方向发展,逐渐向单向发展模式、向多元化方向发展,并且逐渐的将多种技术模式应用到实际工作中,比如集约化、精准化等。同时,基于科学技术的不断进步,各种与能源相关的技术不断深入，比如储能技术、清洁能源发电技术、新能源应用技术等，这些都是具有代表意义的发展技术，这也就使能源服务市场成为必然趋势。"新电改"就是要赋予能源行业的变革动力，通过相关的技术要领，有效推进能源互联网的发展与应用，最终突破既有的电力能源消费模式、生产模式和营销模式，以有效推进综合能源服务市场的深化。

4.4.3 "新电改"背景下综合能源服务市场的发展思路

4.4.3.1 构建完善的业务体系

我们在后期的实际工作中，需要充分依托国网公司的综合能源服务业务体系，结合省公司营销部牵头作用，与人资、财务、运检、后勤等相关部门进行有机的配合，逐步构建起比较完善的综合能源服务市场的业务体系。首先，我们要充分能挖掘出各个地市（县）公司的主观能动性，对其优势进行进一步的巩固，强化业务协同，形成产业布局合理的综合能源服务体系。其次，我们要创新能源营销公司的组织模式，对综合能源服务公司进行支持，支持这些公司以组建项目公司的方式开展业务。再次，我们还要全方位的提升工作人员的专业化素质，通过各种技能知识培训渠道，加强综合能源技术人才的优化与配置，为综合能源服务市场提供人才支撑。

4.4.3.2 创新能源商业模式

我国的能源服务不同于其他国家，源于我国的人口众多，对能源的需求量比较大，这也就使综合能源服务呈现出诸多的新特点，比如电力客户需求多、项目点多面广，这样的发展状态下，高校计算机教学只有进行改革才能培养出合适的人才。在创新创业大背景下，高校计算机教学只有进行改革才能培养出相应的人才。传统的高校计算机无论在教学方式和教学内容上，都很难培养学生的创新性思维，也不利于学生的创新创业实践活动。当前高校整体上都在进行改革，试图改变现有的人才培养方式落后现状，计算机课程作为高校人才培养的重要课程之一，也要伴随潮流进行相应的改革。计算机教学的改革要与总体改革的大方向一致，要为整个改革服务。

综上所述，诸多的电力企业实现了由单一能源服务向综合能源服务的扭转，为综合能源服务市场的发展提供了重要的动力。综合能源服务市场的发展是一项系统化的工程，我们必须要对其应用重点展开全面的研究对其概念、发展意义、应用雏形、设计思路等方面进行重点探究。总之，综合能源服务市场实现了具有差易化的能源与服务之间的优势互补，推进了这两个方面的友好互动，最大限度地提升了多种能源的利用效率。

5 智慧用电

 5.1 智慧家庭用电

　　智慧家庭是智能电网用电环节的重点建设内容，是智能电网服务民生的具体体现。实现居民与电网的互动，提供人性化、个性化、多样化的用电互动服务是智慧家庭建设的主要目标。通过梳理国内外智慧家庭的研究现状及其基本概念，分析了智慧家庭用电互动服务系统的需求。论述了系统的典型架构和功能设计，围绕平台、智能设备、客户端 3 个环节详细阐述系统的设备配置方案，涉及的关键技术以及提供的特色互动服务。以中新天津生态城智能电网创新示范区为应用环境，介绍了建设中的系统规划目标、服务规模和设备部署情况，充分体现其示范应用价值。

　　随着家庭网络和移动互联网等基础条件的逐步完善，特别是信息通信技术、计算机技术以及控制技术的快速发展，智能化的电子产品大量出现，给我们的生活起居带来了极大的便利，在改变人们的生活习惯和工作方式的同时，也不可避免地为家居住宅带来了巨大的影响。智慧家庭是物联网技术在家居环境中的实际应用，通过信息传感设备将家庭中的智能产品连接到互联网环境中，借助强大的云计算、物联网以及支持大量数据传输的宽带网络，进行实时信息采集、交互和管理。国外对智慧家庭的研究开始较早，许多研究机构和高校投入了大量的精力，目前已经取得了丰硕的成果，其对智慧家庭研究的重点集中于家庭网络的架设、智能家居设备研制以及智能控制和人机交互界面等方面。国内关于智慧家庭的研究主要集中在各大企业，且处于初级阶段，在政府的大力支持和各企业的积极推进下，从智能大厦到智能小区，智能化正逐渐走进居民家庭，市面上也出现了一些优秀的产品。但国内智慧家庭的发展依然面临诸多挑战，诸如缺少统一的标准、部署成本高以及信息安全隐患。近几年，中华人民共和国住房和城乡建设部积极开展实施智慧城市试点工程建设，解决城市发展难题，成立了智能建筑标准化委员会，开展智能建筑、智慧家庭相关的标准制定。智慧家庭作为电能使用的终端环节，同样也是国家电网公司关注的重点，并于 2009 年提出了坚强智能电网发展战略，开展用电互动服务，增强客户在电网中的参与度，提升电网公司的服务水平。家庭中智能产品的普及和联网在帮助居民更好地实现家庭设备管控的同时，能够全面掌握家庭用电的构成细节，了解家电设备的用电数据及运行状况，引导居民科学用电、节约用电。

5.1.1　系统需求分析

　　智慧家庭用电互动服务系统（简称互动系统）是以家庭网络为基础，满足家庭智能化与用电服务需求的家庭能源服务系统，是能源和信息相互融合的产物，随着科技的进步以及生活水平的不断提高，智能化、网络化的产品在居民家中普及应用。人们对于电能的使用已经不仅仅是满足日常生活基本需求这样简单，而是提出了更加多样化和个性化的需求。智能电网的出现和发展极大地扩展了原有的用电服务内容，因此，在智能管理、新能源接入、节能节电、能源管理等方面对互动系统及终端用电环节涉及的用电设备和技术也提出了新要求。

5.1.1.1　满足居民对家庭的智能管理需求

　　互动系统需要建设居民家庭内部家庭网络，实现智能设备的互联互通，为用户智能化、网络化的控制需求提供支撑。一方面，客户可以按照自己的行为习惯和作息时间顺心所欲的安排家中用电设备的工作时间，让设备自行工作并满足客户的使用需求，还可以使用手机等终端设备通过互联网远程控制家中电器，全面提升家庭信息化水平；另一方面，智慧家庭采集电器设备的电量信息，利用大数据、云计算等技术完成家庭用电信息的统计分析，使居民客户全面掌握家庭的用能结构，科学合理的管控用电设备，实现家庭整体节能优化效果。

5.1.1.2 支撑智能电网建设中新能源的友好接入

在能源供应日益紧张的形式下，新型能源的建设和接入成了必然趋势。智能电网加速了新能源技术的研究，为居民侧分布式能源建设提供了条件。如何实现新能源的友好接入，为居民提供方便的管控手段成为普及分布式能源建设的制约因素。智慧家庭利用通信技术和智能控制技术实现分布式能源设备的智能管控，提供友好的人机交互界面，方便了客户实时查看设备工作状态、调控设备运行参数、合理优化家庭用能结构。

5.1.1.3 开展需求响应，实现电网削峰填谷

智能电网用电环节建设的重要内容之一是通过调整终端客户的用电行为，提高电能利用效率，实现智能需求响应，提高电网运行效率。智慧家庭用电服务系统建设一方面可获取居民侧细颗粒度的电器用电数据，为电网负荷预测提供数据依据。另一方面居民可及时了解电网运行状态、获取电网用电通知、电价政策等信息。根据用电通知自行调整用电行为，或者授权电网公司在不影响居民正常用电的前提下自动调节设备参数，完成居民用电需求响应，实现错峰用电。

5.1.2 系统架构和功能设计

智慧家庭用电互动服务系统包括用电服务平台、智能互动设备、用电服务客户端以及第三方系统平台，系统架构如图5-1所示。智慧家庭用电服务平台通过互联网与家庭能源中心、互动电器设备和客户端建立连接通道，客户通过客户端可以使用智能家居控制、家庭能效管理、用电信息查询、缴费等服务。平台还与自动需求响应系统和分布式能源管理系统实现对接，支持客户自建分布式光伏发电系统，多发电量并入电网，使用手机实现光伏系统管理，参见图5-1。平台接受自动需求响应系统的负荷优化调控指令，并反向上报负荷调控能力、家庭各用电设备用电数据、用电行为，结合电网当前的负荷状态决定对居民侧电器设备的调控策略。

图 5-1 智慧家庭光伏风电系统

　　智慧家庭用电互动服务系统为客户提供的用电互动服务内容主要包括智能家居控制、家庭能效管理、用电信息服务、智能缴费、分布式光伏接入以及需求响应等。

5.1.2.1　智能家居控制

　　通过在客户家庭中安装智能用电产品，如家庭能源中心、智能插座、红外遥控、智能空调等，客户可以使用手机直接控制用电设备，实现远程控制、定时控制、场景控制，查看设备的实时运行状态。

5.1.2.2　家庭能效管理

　　利用智能插座的电量采集功能，获取用电设备的详细用电数据，客户可以查询各个设备的历史用电信息，通过图表形式直观形象的展示用电分析结果，输出用电账单，帮助用户科学合理地调整家庭用能。

5.1.2.3　用电信息服务

　　通过手机客户端客户可以及时查询小区所在区域的停电信息、最新的电价政策等用电服务信息，还可以设置手机消息推送，防止遗漏重要信息，合理安排家庭用电。

5.1.2.4　智能缴费

　　当居民客户电费余额不足时，及时推送消息通知，客户可以直接使用手机客户端在线缴纳电费，保证家庭永不停电。

5.1.2.5 分布式光伏接入

在屋顶等位置安装分布式光伏基础设备，如光伏电池板、即插即用一体化装置、双向电流表等，支持光伏发电家庭自用和并网。使用手机客户端实时查看设备工作状态信息，掌握家庭用电和并网电量数据，实现家庭能效及电费的优化管理。

5.1.2.6 需求响应

鼓励居民积极参与电网公司推行的自动需求响应业务，签署需求响应服务协议，给予一定的资金和电费激励。客户主动上传智能互动电器设备的工作状态及电量使用信息，在用电高峰时段，通过改变设备参数降低能耗。利用一定区域内实施自动需求响应的整体效应，达到削峰填谷的作用。

智慧家庭用电互动服务系统架构见图 5-2。

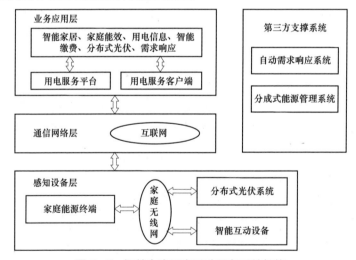

图 5-2 智慧家庭用电互动服务系统架构

5.1.3 系统设备配置

用电服务平台是采用组件化、动态化软件技术设计开发的一套服务器系统平台，遵循 J2EE 技术规范，通过互联网与家庭智能互动设备和移动客户端建立数据通道，实现用电数据双向传输。用电服务平台具备强大的数据分析和并发处理能力，能够为智慧家庭系统提供智能家居控制、用电统计分析、客户管理、终端管理和设备管理等系统服务以及移动终端购电、综合信息服务等功能，全面提升居民家庭信息化水平，实现居民与电网之间能源、信息的双向互动，参见图5-3。平台按照多层架构体系，将界面控制、业务逻辑和数据映射分离，实现系统内部的松耦合，以灵活、快速地响应业务变化对系统的需求。系统层次结构总体上划分为终端层、接入层、前置服务层、系统支撑层、数据存储层，通过各层次系统组件间服务的承载关系，实现系统功能。终端层采用 B/S 架构，支持移动终端。接入层通过防火墙和负载均衡保障终端接入安全，防范系统威胁，提高系统的灵活性和可用性。前置服务层通过应用缓存技术、任务调度技术、权限控制技术，以及主流的解压、加密、内存数据库技术，为前置应用服

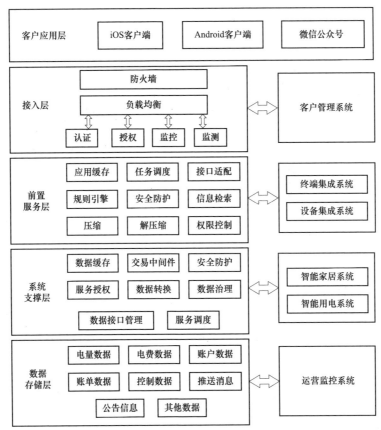

图5-3 智慧家庭用电服务平台技术架构

务和管理功能提供支撑。系统支撑层包含智能家居系统和智能用电系统，为前置服务层的终端集成系统和设备集成系统提供接口，用以实现功能交互。数据存储层存储业务数据资源和系统数据资源，提供系统的所有数据访问对象。

建设智慧家庭，实现居民与电网的双向互动，开展用电互动服务，需要智慧家庭互动设备的支持。这些设备包括家庭能源中心、智能插座、红外遥控、智能空调以及分布式光伏系统等（见图5-4），其中家庭能源中心是智慧家庭建设的核心，也是其他智能设备与智慧家庭用电服务平台沟通的桥梁。在智能设备的支持下，智慧家庭将为用户提供智能家居控制、家庭能效管理以及需求响应等特色用电互动服务。智慧家庭互动设备之间能源流、信息流以及实现的业务功能。

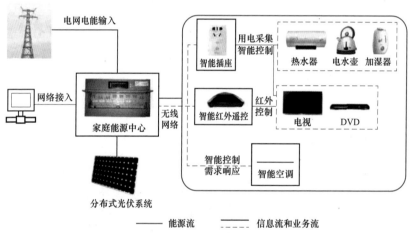

图5-4 智慧家庭设备交互关系

5.1.3.1 家庭能源中心

家庭能源中心是一种配电箱与智慧家庭终端相结合的产品，包括带漏电保护的总空气断路器、电源模块、电压电流互感器、综合故障及用电监控模块、前面板、自动开关、总控模块。通过搭载 RF433、Wi-Fi 等无线模块，实现家庭用电量总计量、分路计量、远程总控、远程分路控制等智能功能，并将监测信息及时汇报给服务平台，第一时间通知客户，实现家庭配电箱与智慧家庭的有机结合。

5.1.3.2　智能插座

智能插座是在传统插座的基础上增加 WiFi 通信模块、电能计量模块的移动型插座，可以直接连接在墙壁插座或插排上使用。客户将普通家用电器连接在智能插座上，其中的电能计量模块会自动上传电器设备的电量数据到智慧家庭用电服务平台，客户使用手机客户端可以查看各个插座上的电器当日用电量以及当前功率，并可查看历史用电信息。

5.1.3.3　红外遥控

红外遥控设备是连接客户与传统电视、空调等使用遥控器控制的电器的关键设备，可以代替市面上大多数遥控器，使用客户通过一部手机就可以控制家中不同的家用电器。红外遥控支持云码库和自定义两种遥控器添加模式：在云码库模式下，客户只需要点击遥控器上的任意一个按键，红外遥控自动匹配云端数据库中的遥控器型号，并下载控制面板。当客户需要添加的遥控器型号不在云码库支持的范围内，可以使用自定义模式，自主学习遥控器按键。

5.1.3.4　智能空调

智能空调也被称作物联网空调，是利用互联网技术实现了设备联网、数据上传和控制的新一代空调产品，适合家中有更换新空调的居民住户选择使用。客户可以实时查看空调的温度设定值、风速等参数，并使用手机远程调节。同时，智能空调还为客户提供了舒适睡眠曲线，使空调夜间的运行模式更加科学合理，为客户带来更舒适的家居环境温度。对于参与了电网公司需求响应政策的客户，电网公司给居民提供相应的补助，居民允许电网公司在电网高峰时段，在不影响居民正常使用的前提下，适当调节智能空调参数，降低对电网的负荷压力，实现居民与电网良性互动。

5.1.3.5　分布式光伏系统

传统的分布式光伏系统需要分别安装太阳能电池板、固定支架、逆变器和监控系统，安装时十分不便，智慧家庭建设中选用即插即用一体化装置，将支架、逆变器等部件组合在一起，可以大大简化分布式光伏系统的安装步骤。通过智慧家庭用电服务平台与分布式能源管理系统对接，为客户提供便捷的设备在线监测、管理和电量结算等业务，实现设备的最优化调度与控制，缓解了居民用电的压力，优化家庭用能结构，提高供电系统的安全性、灵活性和可靠性。

5.2 智慧社区用电

智慧社区是社区的一种，是社区管理的一种新理念，是新形势下社会管理创新的一种新模式。智慧社区通过物联网、云计算、移动互联网等新一代信息技术的集成应用，形成基于信息化、智能化社会管理与服务的一种新的管理形态的社区，可以平衡社会、商业和环境需求，同时优化可用资源，从而实现宜居、安全、健康、文明、和谐的社区建设目标，改善城市居民生活水平。

5.2.1 智慧社区的主要特征

互联网应用、物联网与传感控制技术应用、高速宽带网、3G/4G 移动通信、大数据技术、云计算服务等技术，近几年来在推动智慧城市发展的同时也促进了智慧社区的发展。智慧社区融合多种资源，覆盖智能建筑、智能家居、智能交通、健康医疗、物业管理等诸多领域，形成面向未来的全新的社区形态。智慧社区的主要特征可以概括为以下几个方面。

（1）清洁能源持续供给。智慧社区应具备多类型、清洁高效、低碳环保和可靠的能源供给的特征。通过多电源的应用，推动绿色高效经济模式和生活方式，实现能源的高效利用，降低能源消耗，以客户费用支出最小化、能源利用最大化为目标。智慧社区的多电源系统在满足多种电能质量要求和提高供电可靠性等方面有诸多优点，可作为现有电网的一个有益而又必要的补偿。

（2）多服务功能聚集。智慧社区是通过现代科技手段的综合应用实现对社区服务的支撑。通过科技手段的应用，不仅可以提高原有办事流程的效率和覆盖面，而且可以增加服务与管理的内容，使得广大居民获得更为全面、周到的服务。因此，多服务功能的聚集是智慧社区的特点之一。

（3）人性化环境、智能化管理。智慧社区的本质是服务居民，因此通过现代科技手段实现智慧社区满足居民的多元化、人性化、个性化需求，是智慧社区的一个重要特征。然而一个社区每天产生的信息是海量的，信息的及时获取、分离、存储和处理，都是智慧社区的智能管理要解决的问题，也就是信息处理的智能化过程。

5.2.2　智慧社区对各类新技术的需求

（1）对电源装置及存储技术的需求。未来智慧社区的供电系统会含有大量可再生能源发电系统，实现清洁可持续的能源发展，同时又要需要满足客户的多种电能质量和供电可靠性的要求，还可以参与需求侧响应，帮助客户改变用电习惯，降低购电费用。目前的分布式储能技术正在不断发展，但离广泛应用还有较大差距。大力发展分布式储能技术，可以显著改善可再生能源的运行特性，有效提高绿色能源的利用率；而且由于分布式储能具有快速响应能力，可以作为不间断电源，提高供电可靠性。将分布式储能安装在社区或家庭，通过需求侧响应，提高客户的用电经济性，同时提高能量的利用效率，作为未来电网的有益和必要的补充。

（2）物联网技术。智慧社区需要通过物联网把原来分散独立的社区智能安防系统、社区节能与建筑设备监控系统、智能家居管理系统、智能社区物业服务系统等子系统集成在同一个网络平台上，可实现信息、资源和管理服务的共享，提高智能社区实际应用的整体水平。未来智慧社区的发展对网络规模、布局和质量提出了更高的需求，需要跨越地理空间，把分散的信息借助网络传送到数据系统，供应用服务使用。构建智慧社区要同时发展物联网技术，通过有线与无线的结合，满足智慧社区系统对网络的全方位全天候需求。

（3）大数据技术。大数据能为智慧社区的各个领域提供智慧支持。无论是智慧社区哪方面的应用，都离不开底层数据的支撑，基础大数据的融合和应用是智慧社区开展和高效运行的前提。构建大数据环境下的网络层，使网络适应大数据，成为大数据时代的助力，是建设智慧社区的方向之一。智慧社区的发展，需要大力发展海量数据的获取、存储、查询和利用，以及数据深度挖掘技术，实现信息的高度融合和共享，高效获取有价值的信息，实现不同应用间的互通互联。

5.2.3　分布式储能在智慧社区中的主要作用

智慧社区的能源供应是一个关键要素，未来智慧社区中将包括多种可再生能源，如太阳能光伏电池、风力发电机等。将分布式储能应用到智慧社区中，能够提高系统的稳定性，补偿分布式电源的间歇性和波动性，提高智慧社区中的能源清洁度；此外，储能可参与电网的峰谷负荷调节，实现电力资源的最佳配置，达到降低客户用电成本、提高供电可靠性和用电效率的目的。

（1）提高清洁能源利用率。可再生能源的有序接入是未来智慧社区建设的重要内容之一。与常规电源不同，可再生能源具有波动性和间歇性的特点，当所占比例超过一定值后，将对局部电网产生明显冲击。通过分布式储能系统对其进行缓冲，减少对电网的冲击影响，如建立光储、风储、风光储联合控制系统等。因此，当波动性可再生能源在智慧社区中的装机逐渐增加时，配置动态响应特性好、寿命长、可靠性高的储能装置，可以有效解决风能、太阳能等可再生能源的间歇性、不确定性问题，大幅提高可再生能源在智慧社区多类型电源中的比例，促进可再生能源的集约化开发和利用，是今后缓解环境压力及满足低碳社会发展的重要途径之一，满足智慧社区对清洁能源的需求。

（2）参与需求侧管理。在智慧社区中安装分布式储能系统，可用于参与需求侧响应。通过在电价低时充电、电价高时放电，帮助各类客户在不改变用电习惯的情况下进行错峰用电，从而降低购电费用。分布式储能技术可应用于智能家庭的应急电源管理系统，也可以与光伏发电配合，在电费较高及用电量达到峰值的时间段，调节输出功率，利用储能供电来确保应急电源以及削减用电高峰时段的用电量，为家庭生活提供所需全部能源。国外，分布式储能在智能家庭、智慧社区中参与需求侧响应已经得到了验证。

（3）提高用电可靠性。社区储能系统一般容量较小、占地也较少、移动方便、机动灵活。将社区储能系统放置于配电网侧或者电力客户端，可以作为备用电源，解决由于自然灾害或人为原因造成的短时停电事故的用电问题；也可解决多种电能质量和供电可靠性问题。对电网而言，将分布式储能系统应用到智慧社区中，将起到均衡负载、稳定电压、降低线损等作用；对于客户而言，存储的电能可以作为客户备用应急电源使用，在停电或电能质量不高时确保重要负荷供电，提高供电可靠性，达到智慧社区稳定持续的电力供给要求。

（4）助力电动汽车的发展。电动汽车储能是分布式储能小型化、分散化的一种特殊方式。智慧交通是智慧社区的一个重要组成部分，除了电动私家车、电动出租车以外，公共服务领域使用的各种电动公交车、电动环卫车、电动邮政车等车辆都将成为分布式储能的资源之一。无论从其储能规模、可行性以及满足电动汽车快速发展的需求来看，都具有不可估量的发展前景。按照《可再生能源发展"十二五"规划》提出的模板，我国到 2020 年实现产销 500 万辆各类电动汽车，分布式储能设施建设所需的投资规模就可达到 2000 亿元以上。如果将这种储能方式逐步推广应用到未来的智慧社区中，所需的投资规模将更加可观。由于社区储能系统的电池容量与电动汽车动力电池的容量相当，因此可将通过车网互联模式，一方面当电网因为发电过剩或客户不需要过多的能量需求时，将其多余的能量储存于电动车中，以提升电网的利用效率；另一方面当电网容量不足时，可将电动车中的电能反馈给电网以稳定电网，降低备用容量。

5.2.4 智慧社区中分布式储能应用关键技术

分布式储能是新兴市场，电力公司、电池厂商和政府对分布式储能系统提供独立电源和需求侧响应进行示范论证。然而在未来 10 年中，电动汽车、分布式发电以及实时价格管理机制的逐步推广将会促成分布式储能系统的极大发展。美国市场研究机构的一份报告分析了到 2024 年全球分布式储能系统市场预期，居民和商用储能的增长速度和市场规模远远超过了工业储能。根据该报告，全球分布式储能的收益将从 2014 年的 4．52 亿美元增长到 2024 年的 165 亿美元。这篇报告指出社区储能、家庭储能将是分布式储能的重要应用，表明分布式储能将是未来智慧社区的重要组成部分。

针对未来智慧社区中分布式储能的应用需求，应从以下几个方面发展分布式储能技术：① 研究适合智慧社区的分布式储能设计规范，包括不同应用场景的分布式储能功能需求、性能指标、设备选型、模块集成、测试标准等；② 提高分布式储能的性能和降低成本是分布式储能未来的主要方向，包括现有技术的改进和新型储能技术的研发；③ 针对智慧社区中分布式储能的特定应用场景，研究能量管理技术，考虑不同能量管理层次中分布式储能的作用，尽可能实现多用途化，充分发挥应用潜能，提高利用效率和经济性。

5.3 智慧工厂用电

电能是现代工业生产的必须能源，是支撑经济社会正常运转的基础，相关的统计表明，工业用电占到了总电量的70%以上，供电系统作为工业用电的核心部分，对供电系统进行节能技术的改造，对于节能减排、可持续发展理念等具有非常重要的意义。受经济水平的影响，我国工业发展的起步较晚，工厂供电系统的技术水平较低，大部分工厂的耗电量很大，随着我国进入重要的经济转型时期，有必要对工厂供电系统的节能改造。

5.3.1 工厂供配电系统节约电能的重要性

能源问题事关国家的经济发展与国民计生，节约用电是我国发展国民经济必须长期坚持的方针政策。节约用电能够有效缓解当前日益突出的电力供需矛盾，使有限的电力能源得到更加充分的合理利用。在工厂中实施节电措施，不仅能够有效地减少电费开支，降低电能的损耗以及工厂企业的生产成本，同时也更利于工厂老旧设备的更新改造，对提升工厂生产效能，增加经效益，扩大工厂生产规模，提升其市场竞争力具有非常重要的作用。通过有效的节电措施，这对减轻国家电力能源紧张问题具有非常重要的意义。

5.3.2 工厂供配电系统节约用电的措施

5.3.2.1 负荷计算

为了有效地减少工厂电能消耗，应当进行负荷计算，利用系数法对负荷进行计算时，应当考虑：工厂设备用电过程中，设备的数量以及容量对计算结果造成的影响，往往会导致其计算结果较大。这就要科学的选择同时系数；备用设备容量不在工厂用电设备容量之内；有些设备季节性很强，其容量计算应当选择用电量较大的设备；单相负荷和三相负荷同时存在时，应将单相负荷换算为等效三相负荷，然后再加上三相负荷；由于设备的不同，其总容量也存在很大差异，必须要结合功率情况进行计算。

需要系数是一个至关重要的数据，直接影响到负荷的计算结果，关系到变压器容量的选择，需要尽可能通过实测分析确定，尽量接近实际。

计算负荷的确定与选择的电气设备存在非常紧密的联系，倘若确定的负荷较高，则会进一步增加成本投入，造成不必要的浪费；相反，则会引起导线与设备出现过热现象，使电能消耗进一步增加，不利于节能，并且最终影响电气设备和导线的使用寿命以及用电安全。

5.3.2.2 供配电电压等级选择

工厂的供电电压等级应根据负荷容量、供电距离、用电设备特性、当地公共电网现状及其发展规划等因素，经技术经济比较后确定。

供电电压与设备的用电电压与配电分布和符合、范围等都会对配点电压造成很大影响。因此，应当科学地进行选择，通过科学的选择供配电电压等级，能够起到很好的节电效果。在供配电电压等级选择时，应尽量减少配电变压器电级数，简化接线，从而节约电能消耗，减少成本投入。同时应当将变电站设置在负荷中心区域，这对节电而言也是非常重要的。

5.3.2.3 变压器节能

应根据理论负荷、负荷性质、生产班次等条件合理选择变压器的容量及型号，对负载率偏低且变压器损耗较高的台区，可认为该台区存在大马拉小马的情况，这时就必须对该台区变压器容量或型号进行相应调整。若台区负载率偏高，对变压器的经济运行产生不利影响时，应根据理论负荷大小，调整台区变压器相应容量，使台区变压器得以经济运行。

5.3.2.4 电动机节能

该方面的节能措施，主要可以对电动机功率因数及工作效率进行调整。电动机应当以高效为前提进行选择，依照负荷情况科学地进行选择，避免不适应的情况出现，增加能耗。如果电动机处于持续工作状态，且容量较大又远离供电点，此时应当设置有效的补偿装置予以调整，使其工作效率更加高效，避免线路损耗，增加变压器负荷，达到节能的目的。

5.3.2.5 照明设备的节能

（1）避免长时间开灯。为了减少照明设备的能耗，应当做好相关的管理工作，避免长时间无人工作状态下，长时间开着灯光。同时设置更多的电灯开关，但不宜一个开关对多个灯进行控制。如果厂房空间过大，应按车间、工段或工序分组，采用分区控制方式，避免整个厂房灯光同时常亮，仅在工作区打开灯光。为减少室外电灯在白天也处于亮灯状态，应当设置光电控制器进行控制，这样可以起到很好的节电效果。有些区域人去的概率不大，则可在此区域利用单独开关进行控制，以利节电。

（2）减少电压损失。为达到很好的节电效果，必须要利用三相平衡的电源线路进行照明，增加电灯的发光率。设置高质量的镇流器，避免线路损耗。为了减少气体放电灯光源区域造成的浪费，在此区域应增设补偿电容器，使其功率因数进一步提高。

（3）采用高效光源。选用高效的光源进行照明，能达到很好的节电效果。

5.3.2.6　低压电器的节能

低压电器是使用面和使用数量非常大的基础元件，这些基础元件在单个低压电器中产生的电耗虽然非常小，但是由于用量大（如熔断器、热继电器和信号灯等），综合起来造成的电量消耗也是非常大的。为了实现良好的节电目的，节电型低压电器的科学选用可以起到很好的效果。

5.3.2.7　变频器节能

变频器的使用，可以实现机器设备的软启动，正常情况下，交流电动机的启动电流为工作电流的 6 倍左右，如果采用变频调速启动，那么就可以将启动电流控制在电动机的额定电流之内。电动机在使用的过程中，为了保证电动机的稳定运行，都会留有一定的冗余，使得电动机的输出功率大于负载，造成了电能的浪费，而变频调速的应用，可以让电动机随着负载的变化，输出功率进行相应的调节，从而节省了冗余部分消耗的电量。相关的统计数据表明，通过变频调速速装置的使用，电能的节省可以达到 50%上下，而且电动机输出的功率越低，节能的效果越好，目前我国的一些工厂，都开始使用变频器代替传统的电磁调速，取得了明显的效果，在节能电能的同时，还能够简化工艺。

5.4 泛在电力物联网

为贯彻落实公司 2019 年"两会"工作部署，围绕"三型两网"世界一流能源互联网企业建设要求，加快泛在电力物联网建设，国家电网有限公司互联网部在原信通部工作基础上，经内外部调研，会同相关部门和省（市）公司、科研产业单位，研究形成泛在物联网的建设大纲。

泛在物联是指任何时间、任何地点、任何人、任何物之间的信息连接和交互。泛在电力物联网是泛在物联网在电力行业的具体表现形式和应用落地；不仅是技术的变革，更是管理思维的提升和管理理念的创新，对内重点是质效提升，对外重点是融通发展。泛在电力物联网将电力用户及其设备，电网企业及其设备，发电企业及其设备，供应商及其设备，以及人和物连接起来，产生共享数据，为用户、电网、发电、供应商和政府社会服务；以电网为枢纽，发挥平台和共享作用，为全行业和更多市场主体发展创造更大机遇，提供价值服务。

5.4.1 形势与需求

5.4.1.1 面临形势

2019 年公司"两会"做出全面推进"三型两网"建设、加快打造具有全球竞争力的世界一流能源互联网企业的战略部署，是网络强国战略在国家电网有限公司的具体实践，是落实中央部署、发挥央企带头作用的重要举措，是适应内外部形势和挑战的必然要求。

建设泛在电力物联网为电网运行更安全、管理更精益、投资更精准、服务更优质开辟了一条新路，同时也可以充分发挥电网独特优势，开拓数字经济这一巨大蓝海市场。建设泛在电力物联网是落实"三型两网、世界一流"战略目标的核心任务。

5.4.1.2 业务现状

经过十余年发展，国家电网有限公司已建成两级部署十大应用系统，全面覆盖企业运营、电网运行和客户服务等业务领域及各层级应用，成为日常生产、经营、管理不可或缺的重要手段。国家电网有限公司物联网应用已具有一定基础，接入智能电表等各类终端 5.4 亿台（套），采集数据日增量超过 60TB。

（1）客户服务：覆盖全国约 4.71 亿客户的用电信息实现在线采集；通过门户网站、掌上电力、95598 等渠道实现办电、购电业务线上管理；"网上国网"试点运行：线上缴费率超过 50%。

（2）企业运营：建成 ERP 和人财物、规划计划、基建管理等系统，支撑公司企业运营高效、集中、集约管理；所有省公司完成实物 ID 系统部署实施，支撑资产全寿命周期管理。

（3）电网运行：建设配电自动化和设备精益管理系统，336 家地市供电服务指挥中心全部建成，支撑主配网设备精益化管理；建成支撑中长期电力交易的技术支撑平台，开展电力直接交易。

（4）新兴业务：车联网接入充电桩超过 28 万个，提供电动汽车销售、充电、支付等一站式务；电商平台法册用户 2.25 亿，交易额超 5000 亿元。综合能源服务实现收入 49 亿元。

5.4.1.3 存在不足

与"三型两网、世界一流"战略目标相比，国家电网有限公司物联网整体建设与应用仍存在不足，主要体现在企业运营、电网运行、新兴业务和基础设施四个方面。

（1）企业运营：专业壁垒凸显，数据未有效贯通，与一次采集或录入、共享共用的目标存在较大差距，数据质量不高；跨专业流程不贯通，目标不协同，操作不规范；客户友好用电与供需互动过程中的参与度和满意度有待提升。

（2）电网运行：数据不贯通，共享实时性不强，数据在提高电网安全运行水平、效率效益和工作质量等方面价值发挥不充分，未取得明显效果；大范围、大规模能源优化配置资源能力未充分体现；缺乏灵活的清洁能源省间消纳交易机制，省间壁垒突出，新能源消纳压力大。

（3）新兴业务：尚未形成规模化、体系化发展态势，缺乏市场化管理模式和互联网思维，客户感知能力不足，难以快速响应客户需求变化；社会资源整合能力不强，对外开放共享合作不充分，产业链带动作用不明显。

（4）基础设施：终端采集监控覆盖不足，缺乏统一规划设计和标准，未实现统一物联管理；通信接入网覆盖深度不够、带宽不足；行深度能源观察；平台软硬件资源利用率不高，数据存储、处理和应用灵活性不强，快速响应需求变化能力不足。

5.4.1.4 提升方向

需加快泛在电力物联网建设，在现有基础上，从全息感知、泛在连接、开放共享、融合创新四个方面进行提升，支撑"三型两网、世界一流"战略目标。

具体来说，一方面，需要将没有连接的设备、客户连接起来，没有贯通的业务贯通起来，没有共享的数据即时共享出来，形成跨专业数据共享共用的生态，把过去没有用好的数据价值挖掘出来；另一方面，电网存在被"管道化"风险，需要利用国家电网有限公司电网基础设施和数据等独特优势资源，大力培育发展新兴业务，在新的更高层次形成核心竞争力。

（1）提高全息感知能力：实现能源汇集、传输、转换、利用各环节设备、客户的状态全感知、也无权穿透。

（2）提高泛在连接能力：实现内部设备、客户和数据的及时连接，实现电网与上下游企业、客户的全时空泛在连接。

（3）提高开放共享能力：更好发挥带动作用，为全行业和更多市场主体发展创造更大机遇，实现价值共创。

（4）提高融合创新能力：推动"两网"深度融合与数据融通，提高管理创新、业务创新和业态创新能力。

5.4.2 建设目标

5.4.2.1 建设目标

充分应用"大云物移智链"等现代信息技术、先进通信技术，实现电力系统各个环节万物互联、人机交互、大力提升数据自动采集、自动获取、灵活应用能力，对内实现"数据一个源、电网一张图、业务一条线""一网通办、全程透明"，对外广泛连接内外部、上下游资源和需求，打造能源互联网生态圈，适应社会生态、打造行业生态、培育新兴业态，支撑"三型两网"世界一流能源互联网企业建设。

（1）对内业务：实现数据一次采集或录入、共享共用，实现全电网拓扑实时准确，端到端业务流程在线闭环；全业务统一入口、线上办理、全过程线上即时反映。

（2）对外业务：建成"一站式服务"的智慧能源综合服务平台，各类新兴业务协同发展，形成"一体化联动"的能源互联网生态圈；在综合能源服务等领域处于引领位置，新兴业务成为国家电网有限公司主要利润增长点。

（3）基础支撑：推动电力系统 各环节终端随需接入，实现电网和客户状态"实时感知"；推动国家电网有限公司全业务数据统一管理，实现内外部数据"即时获取"；推动共性业务和开发能力服务化，实现业务需求"敏捷响应、随需迭代"。

5.4.2.2 阶段目标

紧紧抓住 2019～2021 年这一战略突破期，通过三年攻坚，到 2021 年初步建成范在电力物联网；通过三年提升，到 2024 年建成泛在电力物联网。

第一阶段：到 2021 年，初步建成泛在电力物联网。

（1）对内业务方面：基本实现业务协同和数据贯通，电网安全经济运行水平、国家电网有限公司经营绩效和服务质量显著提升，实现业务线上率 100%，营配贯通率 100%。电网实物 ID 增量覆盖率 100% 同期线损在线监测率 100%、国家电网有限公司统计报表自动生成率 100%，业财融合率 100%、调控云覆盖率 100%。

（2）对外业务方面：初步建成公司级智慧能源综合服务平台，新兴业务协同发展，能源互联网生态初具规模，实现涉电业务线上率达 70%；

（3）基础支撑方面：初步实现统一物联管理，初步建成统一标准、统一模型的数据平台，具备数据共享及运营能力，基本实现对电网业务与新兴业务的平台化支撑。

第二阶段：到 2024 年，建成泛在电力物联网。

（1）对内业务方面：实现全业务在线协同和全流程贯通，电网安全经济运行水平，国家电网有限公司经营绩效和服务质量达到国际领先。

（2）对外业务方面：建成国家电网有限公司级智慧能源综合服务平台，形成共建共治共赢的能源互联网生态圈，引领能源生产、消费变革，实现涉电业务线上率 90%。

（3）基础支撑方面：实现统物联管理，建成统标准、统一模型的数据中心，实现对电网业务与新兴业务的全面支撑。

5.4.2.3 建设原则

原则 1：统一标准、鼓励创新

坚持统一数据管理，系统建设必须严格遵循国家电网有限公司统一的 SG-CIM 数据模型和数据采集，定义、编码、应用等标准，确保数据共享；坚持统一应用接口、统一门户入口、统一技术路线，确保应用横向互联，纵向贯通；坚持顶层设计和基层创新相结合，鼓励基层单位因地制宜，先行先试。

原则 2：继承发展，精准投资

在现有基础上缺什么补什么，整合完善，打通数据，避免推倒重来，需要什么开发什么，哪里薄弱哪里加强，哪里技术性和经济性均可行的，大力推广；技术上可行但经济性待评估的，试点储备；投入较大，短期内看不到效果的，不大范围示范。要把谁用，如何用、使用频度作为是否立项的原则，确保精准投资；通过新技术应用节约投资，省钱就是赚钱。

原则 3：集约建设，共建共享

统筹国家电网有限公司内部建设成果，避免重复投资开发和试点示范，推动成果共享复用，发挥集约效应；各业务终端应充分考虑所有其他专业需求，配用电侧采集装置、通信资源、边缘计算、数据资源跨专业复用，推动各专业共建共享；加强外部成熟技术合作，统筹内外部资源高效推进，确保高质量发展。

原则 4：经济实用，聚焦价值

泛在电力物联网建设的关键是应用，要充分考虑实用性、经济性和基层应用的便捷性，在实用、实效上下功夫，实用才有实效，让一线人员更好用、更愿用，为基层班组减负；深度能源观察；要聚焦价值作用发挥、政府社会关切、客户极致体验、公司核心业务、新兴业务发展。

5.4.3 建设内容

泛在电力物联网建设内容包括对内业务、对外业务、数据共享、基础支撑、技术攻关和安全防护 6 个方面、11 个重点方向。

5.4.3.1 提升客户服务水平

以客户为中心，开展泛在电力物联网营销服务系统建设，优化客户服务、计量计费等供电服务业务，实现数据全面共享、业务全程在线，提升客户参与度和满意度，改善服务质量，促进综合能源等新业务发展。推广"网上国网"应用，融通业扩、光伏、电动汽车等业务，统一服务路口，实现客户一次注册、全渠道应用、政企数据联动、信息实时公开。

典型场景：一网通办。

（1）客户使用"网上国网"APP，一次填写身份信息，即可一键办理买车、买桩、安桩、接电等多类业务，公开业务办理进度，实时提醒当前状态；

（2）客户通过电子签名、签章功能，完成用电业务全过程线上办理，实现"一次都不跑"，提升客户体验；

（3）分析客户用能行，预测客户消费需求，为客户提供精准化营销服务，提并客户黏性。

5.4.3.2 提升企业经营绩效

实施多维精益管理体系变革，统一数据标准，贯通业财链路，推动源端业务管理变革，实现员工开支、设备运维、客户服务等价值精益管理，挖掘外部应用场景，开展价值贡献评价，实现互利共赢。围绕资产全寿命核心价值链，全面推广实物 ID，实现资产规划设计、采购、建设、运行等全环节、上下游信息贯通；建设现代（智慧）供应链，实现供应商和产品多维精准评价、物资供需全业务链线上运作，提升设备采购质量、供应时效和智慧运营能力。

典型场景：实物 ID 应用。

（1）利用移动终端扫码方式快速调阅设备参数、缺陷记录、隐患记录、故障记录、巡检记录等信息，提高现场作业效率；

（2）检修人员扫描更换物料的实物 ID，建立物料消耗与设备间的对应关系；

（3）运检、财务、建设人员扫描设备实物 ID，系统自动比对三方盘点结果；

（4）物资人员通过实物 ID 调阅设备相关信息，开展优质供应商和产品清准评价。

5.4.3.3 提升电网安全经济运行水平

围绕营配调贯通业务主线，应用电网统一信息模型，实现"站线变一户"

关系实时准确，提升电表数据共享即时性，构建电网一张图，重点实现输变电、配用电设备广泛互联、信息深度采集，提升故障就地处理、精准主动抢修、三相不平衡治理、营配稽查和区域能源自治水平。立足交直流大电网一体化安全运行需要，引入互联网思维，建设"物理分布、逻辑统一"的新一代调度自动化系统，全面提升调度控制技术支撑水平。打造"规划、建设、运行"三态联动的"网上电网"，实现电网规划全业务线上作业；开展基建全过程综合数字化管理平台建设，推进数字化移交，提升基建数字化管理水平。

典型场景：精准主动抢修。

（1）基于电能表及配电变压器的停复电上报事件及运行信息，结合低压线路、配电变压器、中压线路支线开关的状态信息，利用供电服务指挥系统智能研判功能，实现故障范围自动判定；

（2）先于客户报修之前，生成主动抢修工单，开展自动派发；

（3）通过短信平台将停电信息推送至客户手机，提高故障抢修效率，提升客户体验。

5.4.3.4　促进清洁能源消纳

全面深度感知源网荷储设备运行、状态和环境信息，用市场办法引导客户参与调峰调频，重点通过虚拟电厂和多能互补提高分布式新能源的友好并网水平和电网可调控容量占比；采用优化调度实现跨区域送受端协调控制，基于电力市场实现集中式新能源省间交易和分布式新能源省内交易，缓解弃风弃光，促进清洁能源消纳。

典型场景：虚拟电厂。

（1）通过聚合客户侧可控负荷，提高电网可调控容量占比，提升新能源并网承受能力；

（2）将分布式新能源聚合成一个实体，通过协调控制、智能计量和源荷预测，解决分布式新能源接入成本高和无序并网的问题，提高分布式新能源的接纳能力；

（3）通过聚集分布式电源、储能设备和可控负荷，实现冷、热、电整体能源供应效益最大化，促进清洁能源消纳和绿色能源转型。

5.4.3.5 打造智慧能源综合服务平台

以优质电网服务为基石和入口,发挥国家电网有限公司海量用户资源优势,打造涵盖政府、终端客户、产业链上下游的智慧能源综合服务平台,提供信息对接、供需匹配、交易撮合等服务,为新兴业务引流用户;加强设备监控、电网互动、账户管理、客户服务等共性能力中心建设,为电网企业和新兴业务主体赋能,支撑"公司、区域、园区"三级智慧能源服务体系。

典型场景:智慧能源服务一站办理。

(1)引流:整合国家电网有限公司对外服务应用入口和各类新兴业务供需信息,统一对接总部级企业能效服务共享平台、省级客户侧用能服务平台、新能源大数据平台、车联网、光伏云网、智慧能源控制等系统,发挥规模化集聚效应;

(2)赋能:整合国家电网有限公司对外服务共性能力,为各类新兴业务主体统一提供并网、监控、计量、计费、交易、运维等平台化共享服务。

5.4.3.6 培育发展新兴业务

充分发挥国家电网有限公司电网基础设施、客户、数据、品牌等独特优势资源,大力培育和发展综合能源服务、互联网金融、大数据运营、大数据征信、光伏云网、三站合一、线上供应链金融、虚拟电厂、基于区块链的新型能源服务、智能制造、"国网芯"和结合5G的通信、杆塔等资源商业化运营等新兴业务,实现新兴业务"百花齐放",成为国家电网有限公司新的主要利润增长点。

典型场景:新能源大数据服务。

(1)以服务新能源产业发展为目标,发挥国家电网有限公司独特资源优势,构建新能源大数据服务平台,开展新能源大数据运营服务新业务。

(2)通过汇集发电侧、电网侧、客户侧相关的设备运行、环境资源、气象气候、负荷能耗等各类数据,面向发电企业、综合能源服务商等提供设备集中监控、设备健康管理、能效诊断等多样化服务。

5.4.3.7 构建能源生态体系

构建全产业链共同遵循,支撑设备、数据、服务互联互通的标准体系,与国内外知名企业、高校、科研机构等建立常态合作机制,整合。上下游产业链、重构外部生态,拉动产业聚合成长,打造能源互联网产业生态圈。建设好国家双创示范基地，形成新兴产业孵化运营机制，服务中小微企业，积极培育新业务、新业态、新模式。

典型场景：双创与产业化。

（1）建立机制：利用双创平台，发挥"协作共需、资源共享、众筹众包"的支撑服务作用，汇集创新成果，健全成果转化机制，搭建成果转化平台；

（2）促进转化：建立成果孵化专项基金，遴选市场前景广阔、具有公司化运营潜力的优秀成果，加强技术合作与资本合作，推动创新成果的产业化，培育独角兽企业。

5.4.3.8 打造数据共享服务

基于全业务统——数据中心和数据模型，全面开展数据接入转换和整合贯通，统一数据标准，打破专业壁垒，建立健全公司数据管理体系。打造数据中台，统一数据调用和服务接口标准，实现数据应用服务化。建设企业级主数据管理体系，支撑多维精益管理体系变革等重点工作。开展客户画像等大数据应用，开发数字产品，提供分析服务，推动数据运营。

典型场景：大数据应用。

（1）面向公司内部：实现设备状态预警、售电量和负荷预测、新能源发电功率预测等应用，提升精益化管理水平；

（2）面向政府行业：实现宏观经济预测、节能减排政策制订、行业景气指数分析、大数据征信等服务，支撑政府高效精准决策；

（3）面向外部企业：实现企业用能优化建议、行业趋势研判、商业选址规划等服务，帮助企业节支增效；

（4）面向用电客户：实现家庭用能优化建议、优质服务提升等服务，提升电力客户获得感。

5.4.3.9 夯实基础支撑能力

在感知层，重点是统一终端标准，推动跨专业数据同源采集，实现配电侧、用电侧采集监控深度覆盖，提升终端智能化和边缘计算水平；在网络层，重点是推进电力无线专网和终端通信建设，增强带宽，实现深度全覆盖，满足新兴业务发展需要；在平台层，重点是实现超大规模终端统一物联管理，深化全业务统一数据中心建设，推广"国网云"平台建设和应用，提升数据高效处理和云雾协同能力；在应用层，重点是全面支撑核心业务智慧化运营，全面服务能源互联网生态，促进管理提升和业务转型。

典型场景：统一感知。

（1）感知层：实现终端标准化统一接入，以及通信、计算等资源共享，在源端实现数据融通和边缘智能。

（2）平台层：依托物联管理中心构建统一主站，实现各类采集数据"一次采集，处处使用"，挖掘海量采集数据价值，实现能力开放。

（3）应用层：依托企业中台，共享平台服务能力，支撑各类应用快速构建。

5.4.3.10　技术攻关与核心产品

打造泛在电力物联网系列"国网芯"，推动设备、营销、基建和调度等领域应用。制定关键技术研究框架，完成技术攻关与应用研究，研发物联管理平台、企业中台、能源路由器、"三站合一"成套设备等核心产品，推动基于"国网芯"的新型智能终端研发应用，建立协同创新体系和应用落地机制。

关键技术/核心产品：

（1）智能芯片：低功耗嵌入式 CPU 内核，嵌入式 AI 多级互联异构多核片上系统（SoC）架构，电力高速无线本地通信芯片等。

（2）智能传感及智能终端：高精度、微型智能传感器，能源路由器、终端智能化，多模多制式现场通信等。

（3）一体化通信网络：一体化通信网络架构，广覆盖、大连接通信接入，网络资源动态调配等。

（4）物联网平台：海量物联管理，开放共享及数据治理，高性能智能分析等。

（5）网络信息安全：端到端物联网安全体系，物联终端安全，移动互联安全，数据安全等。

（6）人工智能　电力人工智能算法与模型，多源大数据治理与跨领域智能分析，高性能计算等。

5.4.3.11　全场景安全防护

构建与国家电网有限公司"三型两网"相适应的全场景安全防护体系，开展可信互联、安全互动、智能防御相关技术的研究及应用，为各类物联网业务做好全环节安全服务保障。

典型场景：全场景安全防护。

（1）可信互联：规范泛在电力物联网的终端安全策略管控原则，构建基于密码基础设施的快速、灵活、互认的身份认证机制。

（2）安全互动：落实分类授权和数据防泄漏措施，强化 APP 防护、应用审计和安全交互技术，实现"物—物""人—物""人—人"安全互动。

（3）智能防御：实现对物联网安全态势的动态感知、预警信息的自动分发、安全威胁的智能分析、响应措施的联动处置。

5.4.4　技术构架

从技术视角看，泛在电力物联网包括感知层、网络层、平台层、应用层 4 个层次，通过应用层承载对内业务、对外业务 7 个方向的建设内容，通过感知层、网络层和平台层承载数据共享、基础支撑 2 个方向的建设内容，技术攻关和安全防护 2 个方向的建设内容贯穿各层次，详见图 5-5。

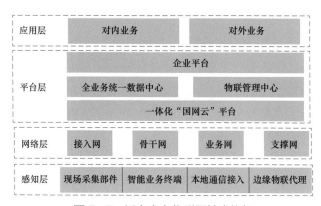

图 5-5　泛在电力物联网技术构架

6

绿 色 发 展

6.1 电能替代　共享电气化

　　绿色发展是以效率、和谐、持续为目标的经济增长和社会发展方式。当今世界，绿色发展已经成为一个重要趋势，许多国家把绿色发展作为推动经济结构调整的重要举措。从内涵看，绿色发展是在传统发展基础上的一种模式创新，是建立在生态环境容量和资源承载力的约束条件下，将环境保护作为实现可持续发展重要支柱的一种新型发展模式。具体来说包括以下几个要点：一是要将环境资源作为社会经济发展的内在要素；二是要把实现经济、社会和环境的可持续发展作为绿色发展的目标；三是要把经济活动过程和结果的"绿色化""生态化"作为绿色发展的主要内容和途径。

　　2018 年以来，湖北省宜昌市发展改革委积极贯彻落实长江经济带"双十"工程即以长江大保护为主战场，决定实施湖北长江大保护十大标志性战役、湖北长江经济带绿色发展十大战略性举措的相关要求，大力实施绿色发展十大战略性举措，推动宜昌市的绿色发展和高质量发展。同时，宜昌市国家电网公司也会积极参与到绿色发展的行列。

6.2 以电代油 绿色岸电

　　港口和航运业的发展推动了社会经济发展，但是靠港的船舶也是港口地区大气污染物的重要来源，对空气环境质量造成严重影响。船泊靠港时使用港口岸电系统，以岸上电力替代辅助发动机燃油发电满足船舶用电需求，能够消除船舶在港期间对港口地区空气的污染，同时具有良好的经济性。从 2009 年开始我国对船舶靠港使用岸电上船项目加大研究和推广力度，并将"船舶靠港使用岸电"项目列入交通运输节能减排"十二五"计划，明确提出推广靠港船舶使用岸电，鼓励新建码头和船舶配套建设靠港船舶使用岸电的设备设施。

6.2.1　港口岸电发展的必要性

　　2011 年，交通运输部发布的《公路水路交通运输节能减排"十二五"规划》等文件中指出推广靠泊船舶使用岸电技术，是港口及船舶节能减排的重要措施和迫切需要。虽然船舶发动机的技术不断完善，但其能源转换效率和热量综合利用效率仍比陆上大型发电厂要低很多。船舶发电柴油机使用重油的供电能耗相当于 365g 标准煤/kWh，使用轻柴油的供电能耗相当于 365g 标准煤/kWh；而 2010 年以后常规火电厂供电煤耗为 347g 标准煤/kWh，30 万～60 万 kW 新建机组的供电煤耗则低于 330g 标准煤/kWh。因此，在船舶靠泊期间停止船用发电机进而采用岸电，在一定程度上可以实现整体效率的提高，减少 CO_2 的排放。船舶使用岸电还可减少 NO_x、SO_x、PM10 等大气污染物的排放，具有改善环境质量的效果。

6.2.2　国内外港口船舶岸电的发展及应用

　　靠港船舶使用岸电最早是欧美发达国家为解决港口城市污染问题而提出的，据测算港口城市污染平均比其他城市高出 25%。为此，近年来欧美各国对船舶在港停靠期间废气排放的法规日趋严格，靠港船舶使用岸电系统或使用低硫燃料已成为航运业的一大发展趋势。截至目前，已经有 5 个美国港口和 10

个欧洲港口强制要求使用岸电电源对船舶供电。

相对于国外而言我国开展岸电上船工作起步较晚，2009 年在交通运输部的倡导下国内部分港口开始开展岸电上船项目的研究和试验性应用工作。目前，国内已开展实施岸电上船项目的港口主要有连云港港、上海港、蛇口港、天津港、黄骅港、大连港等。各个港口都在积极发展岸电工作。宜昌作为长江流域的枢纽城市也不甘落后，2018 年 7 月 5 日，宜昌市召开港口岸电全覆盖现场推进会，并签订岸电建设推进目标责任书。

6.2.3 国内形势及政策分析

6.2.3.1 大气污染防治压力加大

2014 年中国环境状况公报显示，全国开展空气质量监测的 161 个城市中有 145 个空气质量超标。为实施大气污染防治目标，改善空气质量，国务院出台了大气污染防治 10 条措施，各省市也先后出台了大气污染防治条例。目前大气污染防治工作面临着巨大的压力，港口岸电系统作为减少船舶靠港大气污染物排放的有效措施，获得了快速发展的机遇。

6.2.3.2 政策支持力度不断加强

交通部将"靠港船舶使用岸电技术"列为交通运输节能减排专项资金优先支持项目，2011～2013 年分别给予已实施的岸电项目相当于建设成本 20%的资金奖励。2014 年 9 月深圳市出台的《深圳市港口、船舶岸电设施和船用低硫油补贴资金管理暂行办法》，对港口岸电设施建设、船舶使用岸电和转用低硫油以无偿资助的方式给予财政补贴。江苏、上海等地在近期出台的大气污染防治相关文件中均提出大力推进靠港船舶岸电系统建设。交通部水科院已经牵头启动制定中国港口排放控制区的研究，并将在有条件的地区开展排放控制试验区。

6.2.3.3 船舶排放标准逐步完善

船舶从航行区域上可划分为国际远洋航行船舶和国内航行船舶，需满足不同的标准和管理要求。我国远洋航行船舶执行《防止船舶污染国际公约》的规定，而国内针对船舶污染物排放的标准较少，其中不超过 37 k W 船舶发动机执行（GB20891）《非道路移动机械用柴油机排气污染物排放限值及测量方法（中国Ⅰ、Ⅱ阶段）》，对大于37kW的船用发动机尚无强制性标准。2015年6月，环保部就《船舶发动机排气污染物排放限值及测量方法（中国第一、二阶段）》第二次征求意见，该标准适用于具有中国船籍在我国水域航行或作业的船舶装用的额定净功率大于37kW的船用发动机。该标准还对船用燃油的种类和范围做出了规定，且船用燃料油标准不仅适用于新生产的船舶，同时也适用于正在使用的所有船舶。该标准执行后可以填补船舶大气污染物排放标准空白，加强对船舶污染物排放控制。

随着大气污染日益严重，船舶污染已经逐渐引起社会各界的高度关注，各种排放限制和对减排措施的政策支持将会在近年内密集出台。船舶排放限制将提高船舶靠港时燃油发电的运行成本，支持和优惠政策将减少岸电系统建设的投资成本，在国内大范围推广岸电技术的条件已经成熟。

6.2.4 港口岸电系统解决方案

国内港口可分为海港、江港、内河港（河、湖），停靠的船舶种类各异。一般外轮大多停泊于海港和部分江港，外轮使用的电压频率一般为60Hz，电压等级为高压6.6kV、低压440V，与我国电网电制不统一，不可直接供电，必须通过变压变频之后方可向船舶供电。国内船舶使用的电压频率和电压等级一般与电网一致，可直接供电。港口建设船舶岸基供电系统应充分考虑港口情况、码头泊位类型、船舶电制和船舶辅靠港负荷容量等，并依此来选择合适的岸电产品。根据不同船舶用电需求，将港口岸电系统按照应用需求分为高压上船、低压上船两类岸电应用形式。

（1）高压上船：比较典型的是哥德堡港，其在岸边提供了10kV的连接点，10kV高压接入船舶后经船用变压器变压降到船舶所用电压。由于高压供电，只需要使用了1根电缆连接。其优点是高压直接上船，只需使用一根电缆传输。缺点是需要在船舶上加装变压设备，船舶需要进行改装。

（2）低压上船：典型代表是洛杉矶港，洛杉矶港中压供电电压为34.5kV，经降压后在码头边提供6.6kV的埋地式电箱。对于配电电压为低压440V的船舶，采用了一艘配备缆绳绞车和变压器的驳船连接岸上和船舶系统，驳船上的变压器使岸上66kV的电压降为440V（配电电压为高压6.6kV的船舶不需要驳船连接）。由于 440V 低压供电，使用了 9 根电缆连接。低压供电的优点是变压设备设置在岸边或中转装置，无需再船舶上安装变压设备。缺点是由于使用 440V 低压供电，传输电缆使用根数较多，连接费时费力且驳船造价较高。

6.2.5 绿色岸电发展存在的困难及建议

6.2.5.1 绿色岸电发展存在的困难

（1）国内岸电系统的标准体系还不够完善，目前国内有交通行业标准对一定范围的船舶岸基供电系统建设提出了要求，但作为行业标准，标准的效力不强，适用范围较小，小容量的船用接电设施标准还存在空白。

（2）目前港口岸电设备和船舶岸电设备安装数量较少，岸电设备的生产未形成规模效应，销售价格相对较高，岸电系统建设的初期投资较高，岸电系统建设较长的投资回报周期在一定程度上影响了岸电系统的普及应用。

（3）船用燃油市场缺乏有效监管，油品质量无法保证。目前国际油价相对较低，船舶接用岸电与使用市场上的低价劣质燃油相比，运行成本没有形成明显优势，再考虑到大型船舶需进行一定改造，船舶接用岸电工作受到一定影响。

（4）政策支持和引导力度需进一步加强。船舶的污染防治在我国长期处于被忽视的状态，各级政府对降低船舶排放污染的政策支撑有限。除深圳市 2014 年出台了对船舶使用岸电和转用低硫油的资金支持政策外，其他地区的相关政策还处于空白状态。目前靠港船舶燃油发电的大气污染物排放在港口建设的环境影响评价中不计入各类污染物排放总量，也没有体现在地区节能减排指标值中，国家层面的政策引导和监管力度还需进一步加强。

6.2.5.2 绿色岸电发展的建议

（1）给予港口企业为靠港船舶供电的资质和收取电力服务费，并制订发布交通行业船舶使用岸电用电计量和收费的指导原则。

（2）将靠港船舶污染物排放检测列入环保检测监管范围，制定并发布要求靠泊我国港口的船舶排放的强制标准，同步执行配套奖惩政策并将靠港船舶的污染物排放计入地方政府的减排量和考核范围。

（3）对于建设岸电设施的港口按投资额给予一定比例的补贴或奖励；给予实施岸电的港口企业和使用岸电的船舶企业一定的税费优惠或奖励政策。

（4）尽快出台关于船舶岸电技术更完善的配套标准规范，包括船舶制造中岸电设备设计制造及检验标准、岸电系统的验收调试检验标准、岸船通信的信息接口规范标准等。

伴随着我国绿色低碳发展战略的不断深化，在国家和交通运输部门政策的大力推动下，实施岸电上船项目是大势所趋。因此，无论是港口企业还是船公司都应对此有一明确的认识，重视岸电上船技术的研究和推广应用。此举不仅能够实现交通行业节能减排，推进绿色航运建设，该技术一旦能够全面铺开推广，形成规模效益后必定会为港口和船公司带来良好的经济效益和社会效益，有助于港口和船公司提高市场竞争力，树立良好社会形象。

6.3 以电代气 绿色出行

绿色出行就是采用对环境影响最小的出行方式。既节约能源、提高能效、减少污染、又益于健康、兼顾效率的出行方式。多乘坐公共汽车、地铁等公共交通工具，合作乘车，环保驾车，或者步行、骑自行车等。绿色出行有个体性和系统性两层含义。狭义是指个体的绿色出行行为，是出行者在交通出行全过程中做出的一系列有利于减少资源消费、降低各类环境污染的自主出行行为决策。广义是指一项由政府主导、相关主体参与、出行者自主决策的、社会化的城市绿色交通系统建设与绿色出行行为引导工程。其根本目的是通过建设现代化的城市绿色交通系统，让不同社会阶层的出行者自觉、自愿地选择"公共交通+自行车+步行"的绿色出行方式，并在确实需要使用小汽车时自觉选择绿色车辆、养成绿色驾驶习惯。

改革开放以来，中国在交通运输系统建设方面取得了巨大成绩，现已拥有世界上最庞大、最复杂的交通运输系统，成为世界上名副其实的"交通大国"。但与发达国家相比，在经济支撑方面，中国交通运输业的经济贡献率只有 4.4%，明显低于美国、日本的 10% 和 6%；在科技、绿色发展等方面中国也明显落后，总体呈现出"大而不强"的典型特点。要推动中国庞大的交通运输体系不断提升效率和发展水平，实现从"交通大国"到"交通强国"的转变，客观上要求交通运输行业必须转变理念，创新发展方式。目前我国交通运输系统正从不断增加供给能力的建设阶段向综合交通运输体系完善、智能化管理、安全能力提升和可持续发展方向转变。党的十九大报告提出"推进绿色发展""开展绿色出行等行动"。习近平总书记也多次强调要"推动形成绿色发展方式和生活方式"。在交通运输领域构建绿色出行服务体系，已成为落实社会主义生态文明观、建设美丽中国的内在要求。绿色出行见图 6-1。

图 6-1 绿色出行

6.3.1 电动汽车绿色出行

伴随着电动汽车产业的发展，人们对绿色出行有了更多更新的期待。随着物联网功能逐步强大，电动汽车产业链上下游资源不断整合，"电动汽车+"服务生态圈日益完善，人们将享受到全新的充电服务模式、车辆使用方式和能源管理机制，出行过程也将变得更加绿色、智能和便捷。

绿色充电行程中只要打开充电服务 APP "e 充电"就能看到沿线的充电设施地图信息（参见图 6-2），附近充电站桩位置、功率、型号等信息一目了然。

充电完成后，线上支付费用的流程也十分简单便捷，真正实现了绿色共享、智能高效的服务模式。作为国内最智能便捷的充电服务手机客户端，"e 充电"注册客户超过 109 万户，方便广大新能源车主进行查桩找桩、手机扫码启停充电桩、手机支付电费及服务费的一站式体验。

图 6-2　绿色充电

　　同时，依托国家电网遍布全网的抢修、客服队伍，为电动汽车车主提供 7×24h 全天候在线客户服务，电话接通率 100%、一次办结率 96.4%、客户满意率 97.1%、平均处理时间低于 3min，为客户提供最快、最专业的咨询、报修等服务。建成五级快速抢修体系。建立全国—省—地市—站—桩线上实时监控体系，实时监控充电设备运行状况，15min 内自动派发工单，在城市内 1h 赶到现场，高速服务区 2h 赶到现场。当前，全网充电设备可用率超过 99%，满足电动汽车充电服务需求。依托国家电网现有运维抢修优势，实施定制化运维、智能化抢修，可为社会运营商提供充换电设施运维抢修服务。绿色充电车位见图 6-3。

图 6-3　绿色充电车位

　　推广、应用电动汽车是实施能源安全战略、低碳经济转型、建设生态文明的有效途径。为更好推动电动汽车产业发展，国家电网现已建成世界上规模最大的"九纵九横两环"高速城际快充网络，共覆盖 152 个城市，里程超过 3.7 万 km。国家电网有限公司全资子公司国网电动汽车公司实施三大平台战略，推动"智慧充电、智慧出行、智慧能源"建设，建成开放、智能、互动、高效的智慧车联网平台。电动汽车充电站（一）见图 6-4。

图 6-4　电动汽车充电站（一）

　　目前，智慧车联网平台已实现与南方电网智能充电服务平台等 19 家充电运营商互联互通，累计接入充电桩超过 25 万个，为 200 多万辆电动汽车提供充电服务，成为全球接入充电桩数量最多、覆盖范围最广、充电容量最大的服务平台。智慧出行服务 e 约车集出行服务、车辆管理、智慧交通于一体，聚合出行运营商、车企、桩企、售后服务商、资讯平台等社会优质资源，为政企单位和个人客户提供便捷、高效出行方案，满足全业态、个性化用车需求。

　　电动汽车充电站（二）见图 6-5。

　　智慧能源服务储能云可接入工商业储能、家用储能、电动汽车等储能资源，搭建电网与储能客户之间的桥梁，并积极争取政策，探索储能服务的商业模式。通过智慧充电、智慧出行互联互通，建设分布式储能云网，将为储能客户、储能运营商等提供全方位的能源管理机制。

　　国家电网有限公司将继续加快公共充电网络建设，建成覆盖京津冀鲁、长三角地区所有城市及其他地区主要城市的公共充电网络，实现高速公路快充网络中东部城市全覆盖，保障电动汽车"城市内畅行无阻，城市间出行无忧"。

图6-5　电动汽车充电站（二）

6.3.2　绿色出行建议

6.3.2.1　步行

短距离出行选择以步代车也具有多方面的优势，既可以省油，减碳排放，又可以锻炼身体，有益健康。特别对"办公族"来说，每天适当的步行是一种很好的健身方式。

6.3.2.2　自行车

由于自行车是无污染、低污染的绿色出行工具，选择自行车作为出行工具，可以身体力行为保护环境做贡献。有专家计算，如果100万人每周变驾车8km为骑车8km，1年即可减少二氧化碳排放约10万t。同时，短距离出行中使用自行车在时间保障、便利性、交通费用等方面，比公交、地铁有更大优势。使用自行车、电动车应作为交通出行的一种选择。

6.3.2.3 公共交通或城市轨道交通

在出行时，尽量乘坐地铁（轨道交通）、公共汽车等公共交通工具，用我们的行动"染绿"城市交通。据数据显示，乘坐公共交通出行比乘坐小汽车出行，平均每年每人减少4.1kg的氮氢化合物、28.6kg的一氧化碳和2.3kg的氮氧化物。以上数量，若以众多人口乘数计算，那就是巨大的排放量。城市公共交通的优点有以下几个方面：节能环保，人均能耗和排污量远远低于小汽车；很低成本，成本仅仅高于步行和自行车；交通意外的概率明显小于汽车和自行车；作为代步工具，速度比步行和骑车要快。

6.3.2.4 共享出行

到2020年，中国汽车保有量预计将超过2亿辆。现在有十多个城市的机动车保有量超过了数百万辆。根据国外城市经验，"拼车""顺风车""共享租车"等共享出行方式可每天减少10%～25%的私家车出行率。"共享经济"是科技进步带来的新型社会行为，也是和谐社会的一种体现。"共享出行"逐渐成为城市中的新时尚，一方面可以缓解交通拥堵问题，另一方面还能减少尾气排放，合理利用闲置的空位，通过共享模式更能促进人与人之间的信任，人际关系也会变得更加友好互助。

6.3.2.5 新能源车或小排量车

按需要购买适合自己的车型。例如城市上班族，可选择新能源车（电动车或混合动力）及较小排量发动机的车型，功率低，整车油耗也低，有利于节能，并减少污染物与温室气体的排放。尽量减少不必要的开车，要认识到拥有小汽车和把小汽车作为唯一的交通工具是两个概念。有小汽车并不意味着到什么地方都开车去，应将使用小汽车和使用其他绿色交通形式结合起来，尽量减少不必要的小汽车出行，以实现节能降耗、减少排放。

6.3.2.6 铁路或长途汽车

长距离旅行选择火车或长途汽车，尽量不要乘坐飞机。飞机是较为高能耗的出行方式，而火车或长途汽车比飞机更清洁和节能，能源消耗要降低40%～70%，污染降低85%。短途旅行中，如果火车或长途汽车在座位不空的情况下，要比飞机省2～3倍的能源，越长的路程，节省就越多。同时，二氧化碳排放量也相应减少。为了解自己对碳排放的"贡献"，对环境造成的影响，还可以经常算算自己的"碳足迹"。绿色出行基金上提供了"绿色出行碳计算器",选择或输入自己的出行方式、往返地和人数,即可算出每次出行的碳排放量。如果希望补偿由此产生的碳排放,还可点击"碳补偿平台"的链接,通过网上或手机支持平台购买碳减排指标,专业机构就会帮你用于植树造林或其他减排项目。现在"绿色出行"已经成为全社会参与节能低碳的新风尚。通过长期努力,越来越多的人正在积极响应"绿色出行、低碳生活"的环保理念,只要所有人都携起手来不断为减少温室气体排放贡献力量,人类社会的明天一定会更加美好!

6.4 以电代柴 绿色茶电

众所周知,厨房是体现主人追求优质生活的标准,消费者对厨房电器的要求越来越高,为了适应市场的需求,厨房电器的制造厂和商家都在不断努力,致力于产品研发和新品推广。随着国内城镇化水平不断提高,居民收入逐年上升,"烟、灶、消"产品需求保持旺盛,市场量增长迅速。厨房电器厂着力提高厨房电器的智能化和低碳环保技术,陆续推出例如吸油烟效果最好且噪声最低的吸油烟机产品,以及最节能的燃气灶产品,深受广大用户的青睐。绿色厨房电器见图6-6。

图6-6 绿色厨房电器

2017 年，中国厨房电器市场规模实现高速增长。捷孚凯（GfK 中国）全国零售市场预测数据显示，2017 年，中国厨房电器市场零售量将达到 5852 万台，同比增长 10%；零售额将达到 941 亿元，同比增长 20%。主要产品包括吸油烟机、嵌入式灶具、微波炉、嵌入式电烤箱、电蒸箱及洗碗机。随着"煤改气"、城镇化及精装修等相关政策的支持，中国厨房电器市场需求量释放，2018 年中国厨房电器市场规模将继续保持增长态势，零售量有望达到 6349 万台，同比增长 8%；零售额有望达到 1105 亿元，同比增长 17%。

传统的厨房用具，满足人的饮食需求。随着社会的快速发展，厨房也不仅仅停留在传统的脚步上，而是趋于向功能与美观兼备的时尚化发展。众多厨具家电品牌以创新设计实力不断实现着人们追求舒适、健康的生活梦想。

所谓低碳是指低的碳排放量，广义上说，就是节能、省电、高能效比的产品。厨房是家中安全隐患最多的地方，水电气都在这里交汇，因此安装厨房电器产品时要格外注意。随着生活水平的不断提高，人们对生活环境质量的求也越来越高，对环保关注度也日益增大。为此，各厨房电器厂纷纷推出了节能环保的低碳产品。当前低碳环保已经是社会大势所趋。

从未来趋势而言，厨房电器行业的发展将与环保、家装和个性化需求息息相关，主要有以下表现。第一是节能减排。 这不仅仅是燃具方面的发展趋势，也是整个社会发展的大趋势。 第二是燃具与精装修的结合。 如今，国内市场精装修住房越来越多，对于这样的用户来说，考虑的不仅仅是产品实用功能，还包括产品如何与家居相结合。

6.5　以电代煤　绿色厨房电器

茶叶是中国人的传统饮料。我国饮茶历史超过千年，宜昌作为湖北茶叶产区，除了资源丰富之外，还是主要的消费地。对宜昌居民的茶叶消费特点研究对宜昌茶叶产业的持续、稳定、健康发展具有重大的作用。

宜昌享有世界水电之都美誉，也荣获了全国文明城市、国家环保模范城市、国家园林城市、国家卫生城市、国家森林城市、中国优秀旅游城市等多项称号。宜昌还是屈原、王昭君的故乡。宜昌四季分明，春秋较长。年平均降水量为992.1～1404.1mm。雨水丰沛，多在夏季，较长的降水过程都发生在6～7月。雨热同季，全年积温较高，无霜期较长，年平均气温为13.1～18℃，但随着海拔高度上升而递减，每上升100m降低0.6℃。其境内地形复杂多样，山地、丘陵、平原都有。地势自西北向东南倾斜，西北部是大巴山，中部巫山，西南部是武陵山，宜昌城区以东的宜都、枝江、当阳、远安属丘陵山地和平原；宜昌城区以西的兴山、秭归、长阳、五峰等县属于山地，是中国二级阶地东端，崇山峻岭、峡谷交错。在市域总面积中，山地占69%，丘陵占21%，平原占10%，构成"七山、二丘、一平"的地貌特征。正是由于这样的气候和地形优势，造就了宜昌的高山出好茶。整个城市依山傍水，是茶叶种植的理想地区。

根据《国家发改委关于调整销售电价分类结构有关问题的通知》等文件精神，为进一步落实中央支农强农惠农政策，2014年10月16日，湖北省物价局明确出台相关新政：茶叶初加工用电是指对茶树鲜叶和嫩芽进行杀青、揉捻、干燥等简单加工的毛茶制备用电。该电价执行农业生产电价。

该电价执行农业生产电价。炒茶用电属典型季节性用电，由此造成的低电压也是动态的。有些区域本来电压正常，往往随着辖区炒茶机突增，造成高峰时段低电压。因此，辖区电工深入到茶农家中，测量电压变化。同时，供电公司安排专人通过用电信息采集系统每天对配变台区的负荷情况进行监测，对新出现的低电压，影响茶农炒茶用电的区域，供电公司及时整改，并将改造时间尽量选在不炒茶的上午空档。

7

智慧全能型供电所的功能升级

 7.1 **完善综合服务柜员制**

实行"一站式"服务。落实集收费员、登记员、客户引导员为一体的综合柜员制，在岗综合柜员轮流担任客户引导员、新业务讲解员、客户体验员、业务受理员，一名综合柜员全程引导，一个柜台全能办理，为客户提供全方位零距离服务。综合柜员制见图7-1。

图7-1 综合柜员制

7.2 打造智能自助服务区

7.2.1 营业厅转型建设

按照"小前端、强后台"的服务要求，以提升客户体验和感知为目标，重新规划功能区划分，将现有供电营业厅调整为三大功能区、六大服务，即柜面业务区、体验推介区、自助服务三大功能区，以及业务办理、电费缴纳、"互联网＋"线上服务、用电体验、节电产品展示推介和新能源推广六大服务区。

第一，要做优柜面业务区。以客户办好电为原则，整合传统涉电业务办理、电费缴纳和市场化售电服务柜面业务，撤并设立综合办理柜台、培养一专多能业务受理人员，遵照"最多跑一次"行动方案，进一步优化、简化业务办理流程和手续，实施"一证受理和一站式服务"。硬件配置方面，除设立综合业务柜台外，配置业务办理质量评价设备；系统软件方面，以营业厅综合服务平台为核心，辅以营销 SG186、用电信息采集、智能档案管理等信息系统，为客户业务办理提供全方位的数据支持。

第二，要做精体验推介区。以客户用好电为原则，配置"互联网＋"线上业务终端设备，推介电 e 宝、掌上电力、支付宝、网上营业厅等多种线上服务渠道，提供现场体验，指导用户线上办电；配以实物、广告展板、电子多媒体等多种形式，向客户进行节能替代、光伏、电动汽车等新技术、新业务、新产品的展示推介。

第三，做实自助办理区。以客户便捷为原则，配置一体化自助缴费、查询、发票打印领用设备，实现业务分流，提升办理效率。

7.2.2 综合柜员制推行实践

按照一专多能的理念，打造营业厅综合柜员服务团队，按照营业厅轮岗安排，履行好柜台业务办理和引导讲解推介两个角色，向客户开展服务，逐步实现业务办理由线下向线上的转型。建立综合柜员技能知识点库，定期开展业务技能培训考评。

7.2.2.1 柜员业务办理角色工作内容

负责客户咨询查询、业扩、变更、投诉、举报和故障报修等各类业务的受理工作（多种办理渠道综合应用），在业务办理过程收集客户信息资料、应用客户标签，实时录入客户档案；负责客户各类用电需求答复意见的传递；负责客户电费、业务费的咨询、查询、收取及客户普通电费发票的打印工作；负责电费、电动汽车等各类充值卡的销售充值和交通方式的宣传、引导等；负责电费及业务费的销账，现金、支票的接款并送存银行，票据的整理、核对、保存、缴销及解款工作，编制电费及营业费的日结日清报表；负责客户大宗业务的预约、处理工作；负责及时汇报业务办理运营过程中的宜昌情况；完成上级交办的其他工作。

7.2.2.2 引导讲解推介角色工作内容

负责实施全程引导服务，了解客户需求，指导客户正确使用排队取号机，引导分流客户办理业务，迎送客户，维持营业厅秩序；负责咨询引导区客户简单的咨询、查询和业务预处理工作，在服务过程收集客户信息资料，应用客户标签；负责引导、指导客户正确使用自助办理设备、监管信息系统等自助服务设施；负责引导、指导客户正确使用移动终端进行线上业务体验和办理；负责向客户宣传推广新型用电产品、用电服务，提供操作指导和洽谈服务；负责营业厅自助渠道、线上渠道的宣传和推广；负责向客户宣传用电知识、推介电力业务，提供讲解服务；负责定时巡视检查营业厅内环境和设施，负责每日处理意见箱意见，填写巡检记录表，及时反馈巡检情况；完成上级交办的其他工作。

国家电网将自助服务区建成融体验型、差异化、市场化、智能化为一体的"一型三化"服务区，融合了差异化服务模式、市场化业务模式、智能化管控模式和体验互动空间设计。自助服务区主要包括两个模块：一是自助式的业务办理，如交电费、报装、用电量查询、电费明细等；二是自助购买家用电器和充电服务，即利用"互联网＋"技术和管理手段，精简报装接电环节，缩短平均接电时间，降低客户接电成本，全面提升服务质量和效率。以往客户只能通过营业厅柜台才能办理相关业务，如果遇到资料不齐全则会造成多次往返，如今客户可以通过互联网平台即 95598 网上营业厅、掌上电力、电 e 宝、支付宝、微信等方式进行电费缴纳，居民、非居民新装、分时、停复电及相关业务咨询等业务。对于临柜办理业务的客户，全面落实首问负责制、一次性告知业务等服务规范，本着"最多只跑一次"的服务特色，在工作人员受理相关业务后，余下不足的手续可由台区经理现场勘察时进行补办。如线路增容服务：工作人员首先向客户解释了超负荷运行可能带来的危害，经过沟通，客户同意增容；为避免客户多次往返，工作人员提前告知其增容所需的相关材料，并约好于业务申请时间；最后客户只跑了一次，就办好了增容业务。

实施创新服务的过程好比摸着石头过河，在摸索的道路上也遇到了一些问题：一是对创新服务的认识不够深入，多数认识只停留在表面，还不能完全从原有的传统营销模式转变成主动服务的模式，服务精准度不够，差异化服务水平有待提高；二是农村推广互联网业务的大环境仍有待提升，宣传力度亟须加强；三是新的模式下对员工综合素质要求比较高，大部分员工都需要加强培训。

当然实施新的服务模式后，整体的服务面貌焕然一新，优质服务更加"接地气"：一是在倡导"最多只跑一次，甚至一次都不跑"的服务理念后，"方便、快捷"成为客户用电体验的关键词；二是得益于综合柜员制和一专多能的台区经理制，经过培训重新上岗的工作人员业务能力更加全面，员工对工作的关注度和执行力不断提高；三是客户满意度不断提升，优质服务品牌更加深入人心。

7.3 持续优化客户体验区

智慧"全能型"供电所是国家电网公司系统内最小的供电单元，其服务、效率和管理直接影响着国家电网在客户心目中的品牌形象。2017 年年初，公司提出以营配调贯通和现代信息技术应用为依托，推进营配业务末端融合，建立网格化供电服务模式，打造智慧"全能型"供电所。

按照国家电网公司"全能型"供电所建设标准，国网临潼供电公司秦俑全能型供电所建成智能化、体验型营业厅、实行台区经理制、综合柜员制，营业厅智能化体验区，深受辖区客户的青睐。综合能源服务见图7-2。

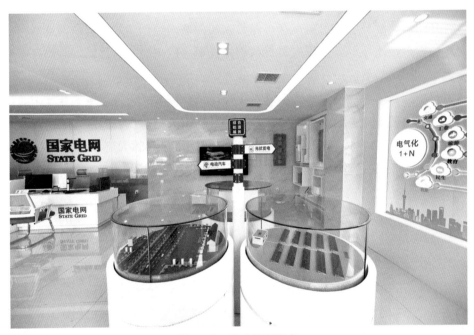

图7-2 综合能源服务

全能型供电所依托互联网+营销服务，推广"掌上电力""电e宝"95598网站等线上业务办理。为提高综合服务能力，带给广大客户全新的体验感受，在营业厅设置家客电器体验区、智能互动体验区、智能电网展示区、智能家电展示区、电能替代展示区以及新型业务展示区。在智能互动体验区，客户不再选择传统的、单一的业务办理模式，而是采取多种渠道的线上业务办理。

智能互动体验区。根据业务办理流程进行自助线上缴费、业务办理。还可以和综合柜员进行面对面的交流，在国家电网网上营业厅进行电费查询、业扩报装、了解光伏发电以及充电汽车等新型业务。随着互联网时代的快速发展，为客户提供多渠道的互联网+服务，从而实现了从传统营业厅向体验型营业厅的转型。

智能电网展示区。向广大客户宣传国家电网的智能电网建设和安全教育知识。在营业厅的每一个显示屏上循环播放线上业务办理的多种方式、节约用电知识及安全用电知识，线上服务体验见图7-3。

图7-3　线上服务体验

在营业厅的手机上，下载了所有的APP让客户体验远程智能操控带给大家生活巨大的变化。在营业厅陈列小爱同学、空气净化器、智能血压计、电压力锅、电饭煲、豆浆机、空调等智能化产品。光伏平台见图7-4。

新型业务展示区，供电所内设置有光伏发电现场和电动汽车充电桩现场。这些便利的服务，切实让用电客户感受到供电所带给他们的方便。

图 7-4　光伏平台

8

智慧全能型供电所的文化建设

　　文化是民族的血脉，是人民的精神家园，是国家强盛的重要支撑。习近平总书记在党的十九大上指出：当代中国共产党人和中国人民应该而且一定能够担负起新的文化使命，在实践创造中进行文化创造，在历史进步中实现文化进步。国家电网公司必须坚定不移地以习近平新时代中国特色社会主义思想为指导，坚定文化自信，推进文化强企，争当践行社会主义核心价值观、推动文化强国建设的先行者。土城供电所契合地域特色，努力打造符合供电所特点的文化载体，让文化看得见、摸得着。

8.1 党 的 建 设

　　土城供电所牢固为党工作观念，毫不动摇坚持党的领导、加强党的建设，各项工作取得显著成效。党建工作体制机制不断完善，科学化、制度化、规范化水平进一步提升，党建的氛围更加浓厚；基层党组织战斗堡垒作用和党员先锋模范作用充分发挥，党的先进性和党建工作独特优势充分彰显，有力保证和促进了土城供电持续健康发展。为了加强党建工作，土城供电所成立了绿叶小分队（见图 8–1），组织了特色主题党日活动，获得了湖北省先锋党支部的荣誉称号。土城供电所党建活动见图 8–2。

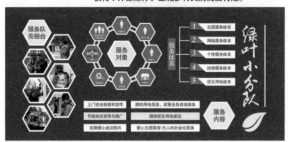

图 8-1 土城供电所绿叶小分队

图 8-2 土城供电所党建活动

8.2 业务服务

党的十八大以来，习近平总书记高度重视创新发展，在多次讲话和论述中反复强调"创新"，内容涵盖了科技、人才、文艺等方面的创新，以及在理论、制度、实践上如何创新。国家电网公司作为国家能源战略布局的重要组成部分和能源产业链的重要环节，国家电网在中国能源坚强的智能电网不仅是连接电源和客户的电力输送载体，而且还具有网络市场功能的能源资源优化配置载体。充分发挥电网功能，保障更安全、更经济、更清洁、可持续的电力供应，促使发展更加健康、社会更加和谐、生活更加美好是国家电网公司的神圣使命。为此，土城供电所积极提高创新能力，开展新业务。土城供电所业务服务见图 8-3。

图 8-3　土城供电所业务服务

8.3 社 会 责 任

　　国家电网公司深入学习贯彻习近平新时代中国特色社会主义思想和党的十九大精神，坚持新时代企业社会责任的新方向，履行新时代企业社会责任的新使命，承担新时代企业社会责任的新任务。土城供电所积极响应国家号召，担起社会责任，服务人民群众，见图8-4。

扎根一线的光明使者 入选百姓贴心好电工

今年54岁的祁从友是国网宜昌市高新区供电公司土城供电所土城服务站站长，入围了荆楚网百姓贴心好电工。

电能替代 绿色服务

○农村家用电器采宣传——推广以电代柴、以电代气

红领结对

高新区供电公司与花栗树村村结对。多次开展扶贫入户工作及用户宣传工作，为广大花栗树村村民进行了家庭安全用电、电力设施保护、供电网络服务等几个方面的知识解答，进一步提升了公司党组织的创造力、凝聚力和战斗力。

○土城供电所员工在"旗帜领航·红领结对"仪式现场

精准扶贫

土城供电所党支部积极响应府区委、区政府精准扶贫工作号召。主动对接黄卡贫困户16户，并结合电力行业特点开展安全用电宣传及春节走访慰问等活动。切实了解贫困户实际需求，将党和国家的惠民政策落到实处，助力点军区政府打赢脱贫攻坚战。

图8-4　土城供电所服务群众

9

乡镇供电所智慧全能型转化案例

随着农村电能替代程度加大，居民用电负荷逐步增加，导致末端电网电压跌落问题更加严重。针对此问题，国家电网宜昌高新区供电公司与三峡大学开展合作研究，提出了在乡镇供电所装配便民电动车充电站和光伏发电并网系统的"太阳能—电网电动汽车充电站"解决方案，前者有利于加速电能替代进程，促进绿色出行，后者有利于支撑电网电压，保障供电能力和质量。

 9.1 **便民电动（汽）车客运站**

本节首先从宜昌市点军区土城乡的地理、气候及风土人情概况，以及土城乡供电所供电负荷的特征进行阐述，分析当前乡内电动（汽）车充电需求和建设充电站的意义；然后对便民电动汽车充电站建设情况进行介绍，最后分析充电站建设完成后带来的经济效益和社会影响。

9.1.1　土城乡介绍

土城乡为湖北省宜昌市点军区下辖乡，面积 178km^2，人口 2.7 万，旅游资源丰富，地处宜昌市西侧，风景区如下：

（1）车溪民俗风景区，位于宜昌市江南土城乡境内，距离市区 18km，这里民俗文化兼具有巴人和楚人的特色，风景区内主要以田园风光和土家民俗文化为特色，是国家 4A 级旅游景区，新三峡十景之一。车溪民俗风景区由三峡民俗村、农家博物馆、水车博物馆、人民公社旧址馆、天龙"云窟"等景点组成，车溪民俗风景区是湖北三峡地区唯一的民俗旅游区。车溪民俗风景区溯溪而上，绵延 7.5km，总面积 20km²，既有清新自然的田园风光，又有古老醇厚的巴楚民风，是体验另类民族风情，享受田园风情胜地。

（2）青龙峡旅游区，位于点军区土城乡桥边镇，距中心城区 19 km，车程约 30 min，是一个以漂流为主，集观光、餐饮、住宿、棋牌、会议等多功能于一体的休闲运动旅游区。夏秋之际可体验两级水坝控制的户外漂流，一年四季还可进行峡谷观光，常年开展棋牌娱乐、会务休闲等，是宜昌唯一的近郊城中漂景区。这里原生态植被保护完好，空气新鲜，环境宜人，水质清冽。2010 年以来连续三年，分别举办了省、国家以及国际自然水域漂流大赛，被国家体育总局授予"中国漂流之都宜昌青龙峡站"荣誉称号。

（3）石门洞又名龙王洞，位于宜昌市点军区内，为宜昌"古八景"之一的"灵洞仙湫"。现列为宜昌市重点文物保护单位，其洞中空间之大居当地干溪 48 洞之首，洞内建筑始于宋朝。明主祖朱元璋昭书赐字后，相继修建了龙王殿、张仙殿、佑圣殿、灵泉寺、卧云楼和殿前漱玉亭。

9.1.2 土城供电所介绍

土城供电所成立于 2011 年 6 月，地处点军区南大门，有职工 22 人，其中正式员工 6 人，机构设置有综合班、外勤班和内勤班，分工明确，职责清晰。辖区内有 35kV 变电站一座，管辖 10kV 线路 6 条，配电变压器 187 台，容量总计 18135kVA，共有用电客户 9196 户。供电所担负着土城乡 178km²、2.8 万人口，14 个行政村和土城集镇的生产、生活供电任务。2018 年累计至 9 月的售电量 1111.004 9 万 kWh。土城所自成立以来，不断规范管理，内塑制度，外树形象，以优质的服务理念和扎实的工作作风获得地方用户的一致肯定。2017 年起土城供电所开始探索提高乡村供电可靠性，持续提升服务高效的经营管理方法，努力将该所打造成为智慧"全能型"供电所。具体开展的工作如下：

9.1.2.1 塑造良好的窗口形象

如图9-1所示，土城供电所以一流的硬件设施为前来办理业务的客户提供了良好的环境，按照宜昌供电公司关于一站式受理和一站式服务要求，改变了营业厅的格局，实行综合柜员制，建成了体验区、自助服务区、等待区，并结合土城乡的风情，将土家元素融入国家电网，给客户带来亲切的体验，同时坚持"首问责任制"，推行"微笑服务"，客户回访满意率100%。土城供电所坚持规范管理制度，并开展内部学习，"早问早查"进行自我检阅，民主生活会促进员工之间的沟通，创先争优展开互相学习与比拼，培训活动提高业务技能水平。在公司举办的各项活动中，土城供电所都表现出高昂的战斗力和坚韧的团结力。

图9-1 土城供电所营业厅

9.1.2.2 推出优质的服务体验

积极开展"四进"活动，让用电安全检查进校园、进景区、进茶园、进家庭四进活动，及时告知客户用电情况及安全隐患，为客户提供了上门服务。配合智慧城市管理指挥中心完成了土城乡辖区内雪亮工程接电工作；完成了五个异地扶贫搬迁客户的装表接电；同时简化了报装流程，平均节约时间24h，配合连续三次降价的执行和宣传；协助3户高压客户因力调过高，而导致电费高的问题，并给予指导性的意见，以减少其电费，实现节能的目的。规范服务站的抢修办法，并实行考核机制，3 人为一组的台区经理模式，实现了电话报修，现场勘探，信息反馈和恢复供电的无缝连接，为电力客户的生活铺设一张保障网。确保优质服务在客户心中扎根。

9.1.2.3　创新高效的管理模式

调整岗位设置，在供电所设置专人对"专变"客户进行管理，土城供电所实行定期上门走访，宣传安全用电，问诊用电难题，及时做好负荷预测。在供电所内成立了所委会，负责全所的各项工作的商讨，制定方案，具体落实。设置了运营监控岗，实现了各项指标的实时监控、分析、解决，保证所内各项指标的顺利完成，土城供电所辖区内的客户"智能电管家"覆盖率达 98%，线上缴费率达 97%。

9.1.2.4　保障安全的生产运行

土城供电所始终坚持"安全第一、预防为主、综合治理"的安全生产方针，始终坚持每周进行安全学习，开展轮流讲安全活动。严格落实现场勘查制度、工作票制度，工作票一评价制度，针对出现的问题给予针对性的解决办法。工作过程中严格加强工作监护，同时，在工作过程中，工作班成员相互关心工作安全。实现个人安全工、器具的集中管理，不定期的到达现场，督导各项安全措施的落实；确保了全年安全无违章、零事故。

土城供电所在日常工作中，强化营销管理，实行分岗位的工作积分制，同时对综合班人员实行目标责任制，大力宣传推广清洁能源的利用，打造出宜昌市唯一无工业的生态乡村，该所所取得的亮点工作如下：

（1）点亮三盏灯，照亮最美宜居乡村，即点亮"智慧之灯强支撑"，点亮"创新之灯添活力"，点亮"党建之灯筑根魂"。通过"三盏灯"的建设，通过清洁能源、智慧营销、智慧人才将供电所打造成各类业务系统融合的基础，通过创新解决工作中存在的各类问题。目前供电所内员工已发表论文 20 余篇，参与专利 11 项，自申请专利 3 项，撰写科技项目一个，在编智慧全能型供电所书籍一本。

（2）为优化供电所人力资源配置，加强用工管理，供电所设立工作积分制绩效考核机制，并制定了综合柜员 3 项基本技能，26 项专业技能和 16 项相关技能，18 项台区经理及运行维护人员必会技能，进行通关培训，并将通关考核成绩纳入绩效考核，制定工作手册及标准 12 本。提高供电所人员素质，完善了供电所的各项制度，全面提升了供电所人员工作效率。

（3）以土城供电所为试点，大力推广新能源，通过光伏发电、充电桩构建清洁能源站，分别如图 9-2 和图 9-3 所示，充分发挥绿色清洁能源的示范作

图 9-2　土城供电所电动（汽）车充电站

图 9-3　光伏并网发电系统

用。农村电气化程度大幅提升，在各乡镇积极推广电采暖、电煮饭等设备，实现智能小家电的广泛应用，土城供电所建成了湖北省首个在基层的乡村充电站，完成了六条公交线路及校车的纯电动化，以及"绿色厨电"和"绿色茶电"的建设。

（4）由供电所牵头、服务站全程负责，不定期进行故障预想和反事故演习，同时供电所主动进行内部明查和暗访工作，并把明查和暗访情况同绩效考核挂钩，让员工在工作中发现自身的不足，加强学习，所内互学，补齐专业知识和技能操作短板。

综上所述，土城供电所以扎实工作打基础，获得了突出喜人的成绩，编制了《台区经理制》《土城供电所绩效考核实施办法》《台区经理技能提升方案》等 12 本工作手册。获得国家电网湖北省公司 2013 年廉洁模范班组、宜昌公司 2013 年年度电力营销综合竞赛优秀集体、宜昌客服点军分中心 2014 年安全生产先进集体等多项集体荣誉、湖北省电力公司 2017 年度一流班组、湖北省电力公司 2017 年度供电服务先进班组、宜昌供电公司 2017 年度先进班组、宜昌供电公司 2017 年度乡镇供电所"挑战七零长周期"竞赛活动优胜供电所等荣誉。

9.1.3 便民电动（汽）车充电站建设

发展高效、清洁的电动汽车，可以有效缓解大气污染和石油燃料的紧缺。我国已将电动汽车列入战略性新兴产业加以重点扶持。"十二五"期间，我国电动汽车面向"纯电驱动"实施汽车产业技术转型战略，加快发展"纯电驱动"电动汽车产品，通过发展纯电动汽车和燃料电池汽车，大幅度降低污染物和温室气体排放。2013 年以来，国家政策激励和补贴力度加大，补贴试点范围由点扩展到面，并对示范城市在累计推广量和配套设施方面提出了更具体的要求，成为我国电动汽车市场快速发展的催化剂。另外，电动汽车可以看作一个个分布式电源，也可支持大规模可再生能源接入电网，还可进行频率调节。而电动汽车作为分布式微储能单元接入电力网络后，配电网将由一个放射状电网网络变为一个分布式可控微储能和客户互联的复杂网络，其运行特性会发生改变电动汽车随机性、间歇性的充电行为，对电网负荷带来影响，其大规模接入电网充电，将对电力系统的运行与规划产生挑战。

目前，电动（汽）车的使用已经普及到了全国各省市乡镇，其"便捷性"获得了全中国最广大的乡镇居民的认可。土城乡80%的居民拥有一台电动车，电动汽车的拥有量也在逐步上升，并建成了湖北省首个乡村充电站，完成了 6 条公交线路及校车的纯电动化，电动（汽）车充电的需求和市场也越来越大。居民户内"自插式"充电是当前电动（汽）车充电的普遍使用的方法，虽然可以进行充电，但是弊端非常明显，如充电器质量参差不齐、电网电能质量差、缺少状态监控、充电环境恶劣、客户操作无标准不规范等，因此引发的非正常跳闸、充电效率差、电池使用寿命短等现象非常普遍，甚至可能引起火灾和人员伤亡。综上两个方面，在供电所兴建统一标准、规范化的电动（汽）车充电站具有重要的经济效益和社会意义。

9.1.3.1 电动（汽）车充电桩技术现状

充电桩是用于给电动（汽）车充电的设备，它由桩体、电气模块、计量模块等部分，一般具有电能计量、计费、通信、控制等功能。市面上典型的电动（汽）车充电桩如图 9-4 所示。充电桩的设备本身并没有太高的技术含量，竞争差异主要体现在所生产设备的稳定性、兼容性、成本的控制、品牌口碑和招投标能力。根据不同分类标准充电桩的类别也不同，比如根据充电功率的不同，可以将其分为直流快充、交流慢充两类，直流充电桩、交流充电桩一般固定安装在社区停车场、居民区、商场、服务区等场所，交流充电桩本身并不具备充电功能，只是单纯提供电力输出，如果需要充电还要连接电动（汽）车车载充电机。而直流充电桩可直接为电动（汽）车的电池充电。由于直流充电桩的建设成本较高缺乏灵活性，以目前市场上交流充电站较多。根据服务对象不同，充电桩可分为公用充电桩、私人充电桩和专用充电桩三类。

随着新能源汽车的快速增长，充电桩的数量也大 幅度攀升。2017 年，我国新能源汽车产销量分别达到79.4 万辆和77.7 万辆,累计保有量达到180 万辆,占全球市场保有量50%以上，连续三年位居世界第一。根据中国电动（汽）车充电基础设施促进联盟的统计，截至 2017 年年底，联盟内成员单位累计上报公共类充电桩 213 903 个（其中交流桩 86 469 个、直流桩 61 375 个、交直流一体桩 66 059 个）。全年新增公共类充电桩 72 649 个（月均新增约 6054 个），增长

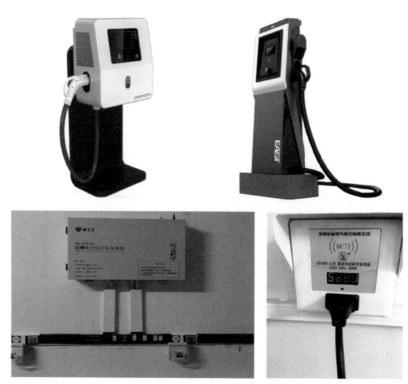

图9-4 电动（汽）车充电桩

率达到51%。图9-5为国家电网公司兴建的电动汽车标准化充电站。当前市场上九成新能源汽车的动力来源是电力，因此充电桩数量也随着新能源汽车数量的增加而增加。由上述数据可知，作为新能源汽车的配套设施，当前充电桩的数量和布局还远跟不上新能源汽车的发展速度，充电桩的产业面临广阔的发展前景。

9.1.3.2 土城供电所充电站建设概况

土城乡充电站建设本着服务为先、盈利为后的原则，特别是通过加大前期基础设施投入，促进乡民绿色出行，加快电能替代速度，以引导电动（汽）车的进一步普及，贡献绿色乡村建设，践行习总书记关于实施长江大保护的国家发展战略。

如图9-6所示，为电动摩托车或自行车充电服务的系统流程，包括景观式刷卡充电桩、服务软件系统、现场监控设备及电动充点卡。充电服务过程类似

图9-5 国家电网建设的电动汽车标准化充电站

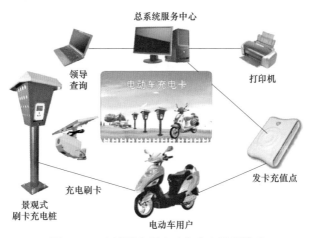

图9-6 土城供电所电动车充电管理模式

于公交车"一卡通"的使用过程，非常方便便捷，管理人员仅通过计算机和网络对充电过程进行监控，或在移动终端上查看充电桩的运行状态，如充电电压、电流、温度等，另外还接入了现场监控。

电动汽车充电站如图9-7所示，主要提供了两个充电车位，客户使用"微信扫描"，进入充电站公众号，选择"充电桩"即可开始充电，充电结束后自动计费，并在微信中完成缴费过程，服务过程简捷方便。

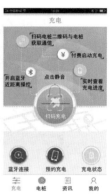

图 9-7　电动汽车充电站

9.1.3.3　充电服务及社会影响

充电站建成后，试运营期间平均每天售出电能约 100kWh，按此计算，每年将为电动（汽）车提供 36 000kWh 的充电服务，服务车辆数目约为：电动摩托车或自行车 200 辆左右，电动（汽）车 30 辆左右，受益客户占乡镇总人数的 20%～30%。优质的充电服务即能够保障充电的安全和可靠性，又能够产生一定的售电效益，同时为乡镇电动（汽）车客户提供了极大的便利。

 9.2　光 伏 发 电 系 统

土城供电所配电网远离宜昌城区主配网，配电网线路最长延伸周边 100km 以上的距离，线路三相不平衡、低电压现象较为普遍，经常受到用电质量差的投诉；土城乡地处北纬 30° 左右，海拔高度为 150m 左右，在我国属于光伏发电资源较为丰富的地区。该乡镇所辖行政村 15 个，且居民分布较为分散，用电负荷不集中导致配电难度进一步加大，滋生的问题增多，且解决问题的技术难度和经济投入都很高。

光伏发电系统走进家庭住宅的技术已经非常成熟，并且早已在欧美地区市场化，我国光伏发电产业正迎来复兴期，光伏屋顶的建设和应用渐渐走向了乡村，不仅有利于美化乡村环境，而且切实起到了供电用能的作用，图9-8为几种典型的住宅屋顶光伏发电系统。

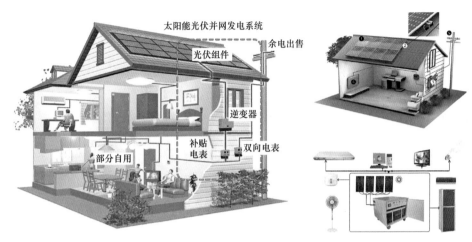

图9-8　典型的家用光伏发电系统

在土城供电所建设光伏发电并网系统对解决该地区供电可靠性问题具有很重要的指导作用和示范效应。另外，与电动（汽）车充电站共同组建太阳能充电站或综合能源充电站亦可解决供电稳定性问题。以下将分别从建设方案、推广应用及综合能源充电站三方面进行阐述。

9.2.1　光伏发电系统建设

光伏发电的核心元件是由产生光生伏特效应的半导体材料制作而成的太阳能电池，多个太阳能电池串联后并经过封装保护，制作成了光伏组件。适当数量的光伏组件通过相应功率的功率控制器等电力变换部件，组成了光伏发电系统。根据是否连接公共电网，光伏发电系统有"并网和离网"系统两种。并网光伏发电系统与公共电网相连并输送电力到公共电网上，一旦电网停电"光伏"系统也停止发电；而"离网光伏"系统是脱离电网独立运行的。电站的设计方法、施工要求以及逆变器、光伏组件和蓄电池的选择和数量计算等，是根据建筑特点、地理位置和家庭用电情况来给出的。

土城供电所的营业厅屋顶面积约 200m²，可铺设太阳能电池板的有效面积约 70m²，供电所右侧院子围墙约 30m 且具有较好的光照度，因此太阳能电池板铺设的总面积约为 85m² 左右，按 100W/m² 的功率输出计算，供电所内的光伏发电系统额定容量约为 8.5kW，如图 9-3 所示。该系统主要由光伏发电电池阵列、汇流箱、最大功率控制器（MPPT）、并网逆变器、LED 节能路灯（直流负载）和交流负载等，自该系统建成之日起，除提供本地负荷用电外，平均每天向电网售电 10 余 kWh。

9.2.2 推广价值及影响

太阳能的特点和优势包括：一是储量非常大，太阳能是取之不尽，用之不竭的，有关科学家计算，每秒钟有高达 50 万 kW 太阳能到达地球表面，只需要将其中的 0.1%转换成电能，以 5%的转变率来计算，发电量就可高达每年 5.6×10^{12}kWh，相当于 40 倍左右的全世界能耗；二是分布广泛，只要是有人类聚居的地方都有着充足的阳光，在较为人烟稀少的边远地区，电网无法普及或者缺少燃料供应时，利用太阳能的重要性就更为凸显了；三是绿色，可再生，使用太阳能不会破坏环境，无污染，有利于改善环境污染问题；四是建设简单、周期短、成本低，因为太阳能有着以上特点和优势，已经在全世界范围内得到了极大重视。光伏发电的应用前景极其广阔，是人类社会持续发展进步的重要手段之一。

近几十年来，太阳能作为全世界关注的新兴能源产业之一，在开发、批量生产和市场应用等方面的技术都获得了高速的发展。利用光伏组件吸收太阳能，然后转换为电能输出，这样的发电系统叫光伏发电系统。分布式光伏发电系统是一种有着极好发展前景的新型发电方式，它遵循就近发电、就近转换、就近使用、就近并网的原则。与其他同等规模的光伏电站相比，这种方式的发电量有显著提升，与此同时还减少了在长途运输及升压过程中的电能损耗。当前的分布式光伏发电系统主要是建在客户的房屋屋顶，就近并入公共电网，与公共电网一起给客户提供电能，还可接入多种可再生能源发电，构成如图 9-9 所示的综合供电系统。综上所述，推广光伏发电与多种能源发电和组网具有广泛的实际价值。

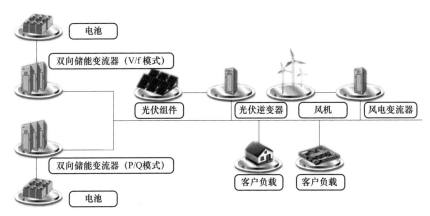

图 9-9   典型的家用光伏发电系统

9.2.3   综合能源充电站

据统计，2030 年我国电动汽车预计会达到 6000 万辆的拥有量，根据电动（汽）车充电平均功率约 10k W/辆估算，如果在 6000 万辆电动（汽）车同时充电的极端情况下，计算后最高充电功率能达到 5 亿 kW。按照现在的发展规律，将会占到 2030 年我国总装机容量的 26%左右，所以电动（汽）车用电很有可能成为未来电网大负荷之一。电动（汽）车数量不断增加对充电量的需求也会进一步增大，当电动汽车大规模接入电网进行充电时使用到的整流装置会产生大量谐波，对电网造成谐波污染，而且在用电高峰期时大规模接入电网，会对区域用电造成很大负荷影响，加重配电网用电负担，所以电动汽车的市场打开后，电动汽车对电力的巨大需求必定是一个棘手的问题。

针对上面的这些原因从长远角度去考虑能源利用问题，设计一个利用新能源与电网结合的充电站系统，如图 9-10 所示，将会大大缓解电网的压力。太阳能发电拥有比较成熟的市场，而且发电技术与并网技术都得到了很好的发展，在实际应用中也有显著的效果，所以发展利用太阳能发电作为充电站电力来源是一个不错的选择。储能技术的发展更加推动了太阳能发电应用的市场化，因此建立真正能实现无污染或者少污染的太阳能电动（汽）车充电站，才能实现太阳能能源的有效利用，同时也响应了政府的新旧动能转换的号召，更快更好的推动新能源技术的发展与应用。

图 9-10 典型的家用光伏发电系统

在国外，2011 年，日本 NISSAN 在美国的田纳西州的 Smyrna 车辆装配厂外面建立了一座可容纳 30 辆汽车的太阳能充电站。该太阳能充电站可以实现电动（汽）车的充电，当有剩余电力时可以提供给装配厂的电力供应。而且 NISSAN 公司自产品牌电动（汽）车首先应用到太阳能充电站充电，当充电 2.5h 可以行驶 100mile（英里）。2013 年，美国设计师兼制造商 Envision Solar 建成了首个自动化程度比较高的光伏发电充电站，并附带有可移动功能，该移动充电站顶板配备了 2.3kW 的太阳能电池阵列，可储存 22kWh 能量的电池该充电系统的"光伏板"还配备了跟踪系统，实现太阳光线的跟踪。2015 年通用电气公司在美国康涅狄格州普莱恩维尔市建成了一座车库式的太阳能电动（汽）车充电站，把充电桩安装在车库内，每个车库式的充电站电力来源主要是一组太阳能电池板，"充电桩"采用 32A 快速充电站模式，充电 30min 的情况下能达到 75% 的容量。

在国内，2015 年在北京华茂中心建的自动化程度比较高的光伏电动汽车充电站，能够实现新能源车最快 0.5h 内完成充电，且包含了手机客户端充电预约和充电完成提醒功能。与此前的充电站建设在地域空旷的郊区地带不同，该充电站建设在繁华的商业圈，所以虽然配备充电桩数目达到 100 个，但是实际利用车位不足。在 2015 年，广东东莞建成了具备并网供电及"离网"供电功能的综合系统，如图 9–11 所示，该系统容量能够达到 54kW，能够将太阳能发电直接给充电桩供电，不仅能够实现自给自足，而且更能将多余电量输送电网，既节约了能源又创造了效益。2017 年全球最大的电动汽车光伏公共充电站在上海落成并投入使用，该充电站装配有 1000 块太阳能发电板，交直流充电桩共计42 个，还有 2 个特斯拉专用充电桩，能够满足 400 辆电动汽车充电要求，又一个太阳能充电站的建设成功，为太阳能充电站的监控系统研究提供了良好的平台。

图 9–11　典型的家用光伏发电系统

参 考 文 献

［1］何健，郭翀，丁玉珏. 做强做优智慧全能型供电所，让十九大精神在县级供电企业落地［J］. 中国高新区，2018，05：187

［2］汪泉，汪明涛. "全能型"乡镇供电所建设浅析［J］. 低碳世界，2017，19：130～131.

［3］林金义，金昌榕，林慧翔. 加强电力企业员工队伍建设的思考［J］. 中国电力教育，2011，09：8～9.

［4］路双，白晓宁，韩雅琴. "全能型"乡镇供电所建设探讨与实践［J］. 农电管理. 2018（02）.

［5］霍宇波. 全面提升乡镇供电所管理水平［J］. 农电管理. 2017（04）.

［6］刘彤，李冰洁，樊娇，滑福宇，牛东晓，刘卫东，王峰. 电网资产管理中业务协同模型构建研究［J］. 华东电力，2014，42（01）：51－53.

［7］宋立新，何樱，李强，居秀丽. 创新发展——电力科技40年［J］. 国家电网报，2018，5：1－4.

［8］张令涛，赵林，等. 智能电网调控中心变电站图形数据即插即用技术［J］. 电力系统保护与控制，2018，46（19）：74－79.

［9］安永帅，李刚，樊占峰，等. 新一代智能变电站控制保护一体化智能终端研究与开发［J］. 电力系统保护与控制，2017，45（8）：138－146.

［10］RAHUL，KAPOOR R，TRIPATHI M M. Detection and classification of multiple power signal patterns with Volterra series and interval type－2 fuzzy logic system ［J］. Protection and Control of Modern Power Systems，2017，2（2）：92－101. DOI：10.1186/s41601－017－0039－z.

［11］刘华蕾，张静，张海梁. 智能电网调度控制实训系统开发及培训模式探索［J］. 电工技术，2018：56－59.

［12］冷喜武，陈国平，等. 智能电网监控运行大数据应用模型构建方法［J］. 电力系统自动化，2018，42（20）：115－122.

［13］李乃湖. 智能电网及其关键技术综述［J］. 南方技术电网，2010，1－7.

[14] 刘明梅. 浅谈乡镇供电所专业管理体系建设 [J]. 中国电力企业管理. 2015（12）.

[15] 李杰聪. 智能电网技术发展综述 [J]. 广东科技，2009，1~2.

[16] 刘振亚. 中国电力与能源 [M]. 北京：中国电力出版社，2012.

[17] 刘振亚. 智能电网技术 [M]. 北京：中国电力出版社，2010.

[18] 杜栋. 协同、协同管理与协同管理系统 [J]. 现代管理科学，2008（02）：92-94.

[19] 闫颖. 大型电网企业实现整体业务协同的流程体系建设 [A]. [C]《中国电力企业管理》杂志社，2014：2.

[20] 颜开荣，张积永，王犇. 大型企业集团优势资源业务协同模式创新研究 [J]. 中国机电工业，2015（02）：98-103.

[21] 周元高. 培养一专多能人才 [J]. 上海成人教育，1999（06）：35.

[22] 史念曾. 深化改革 培养一专多能人才 [J]. 教育与职业，1999（02）：32-34.

[23] 滕凤云，伍文钢. 论如何加强企业"一专多能"人才培养 [J]. 包钢科技，2007（01）：85-87.

[24] 朱方来. 实施"一专多能"工程 创新高职人才培养模式[J]. 中国高等教育，2006（01）：53-55.

[25] 周宇. 推行一专多能"台区经理制"建设 [J]. 中国电力企业管理，2017（14）：66-67.

[26] 马盛红，任延哲. 智能考勤系统的设计及其在员工行为管理中的应用 [J]. 石油人力资源，2018（03）：87-89.

[27] 赵以兵. 班组派工单管理系统设计与实现 [D]. 电子科技大学，2011.

[28] 林俊昌，邵国栋，吴江苇，欧阳霄，陈伟. 建立基于员工职业发展的"培训-评价-岗位（岗级）"闭环管理机制 [J]. 中国电力教育，2018（04）：32-35.

[29] 鲍薇. 提升电网企业制度通用性的应用研究——以"1+2+3"闭环管理机制构建精益高效的制度管理体系 [J]. 安徽电气工程职业技术学院学报，2016，21（04）：56-58.

[30] 陈瑶. 浅谈供电所的大数据时代 [J]. 农村电工，2016，24（04）：14-15.

[31] 崔跃东. 论供电所大数据时代 [J]. 城市建设理论研究，2015，（16）：1199-1200.

[32] 任东风. 推进"全能型"乡镇供电所建设的实践[J]. 农村电工，2017，25（10）：23-24.

[33] 王盛，胡笛，李赓. "互联网+"模式下电力报修服务的探索与实践 [J]. 农村电工，2018，26（09）：11.

[34] 创新引领 开创"互联网+"营销服务新局面——2017 年国家电网公司"互联网+"

电子渠道运营知识与功能技能竞赛创新成果辑录[J]. 农村电工, 2018, 26 (03): 9-11.

[35] 徐俊钗, 王晓, 陈丽莎. 国网浙江省电力公司 向新型能源综合服务企业迈进 [J]. 浙江人大, 2018 (10): 28-29.

[36] 陆雯, 车丽萍. 居民电力客户评分评级体系创新与应用 [J]. 农电管理, 2018 (06): 27-28.

[37] 徐俊钗, 王晓, 陈丽莎. 国网浙江省电力公司 向新型能源综合服务企业迈进 [J]. 浙江人大, 2018 (10): 28-29.

[38] 崔跃东. 论供电所大数据时代 [J]. 城市建设理论研究, 2015, (16): 1199-1200.

[39] 王润华. 论"新电改"背景下综合能源服务市场的催生 [J]. 科技经济导刊, 2018, 26 (25): 215+134.

[40] 王玉娇. 基于服务模式的智慧家庭服务系统设计与实现 [D]. 哈尔滨: 哈尔滨工业大学, 2013.

[41] 杨业令. 基于物联网的智慧家庭系统设计与实现 [D]. 成都: 电子科技大学, 2013.

[42] 邓竹祥. 智慧家庭发展新趋势及运营商对策 [J]. 通信企业管理, 2014, 10: 72-73.

[43] 韩少杰. 智慧家庭: 新需求、新契机 [J]. 通讯世界, 2012, (8): 50-53.

[44] 孙仁杰. 智慧家庭业务需求发展趋势 [J]. 信息通信技术, 2014, (3): 5-9.

[45] 黄莉, 卫志农, 韦延方, 等. 智能用电互动体系和运营模式研究 [J]. 电网技术, 2013, (8): 2230-2237.

[46] 林弘宇, 张晶, 徐鲲鹏, 等. 智能用电互动服务平台的设计 [J]. 电网技术, 2012, (7): 255-259.

[47] 张汉敬, 刘明峰. 智能电网中互动式居民智能用电系统设计 [J]. 中国电力教育, 2009, S2: 313-315.

[48] 丁佳, 孙继成. 智能用电小区中通信平台建设研究 [J]. 供用电, 2010, 27 (6): 21-24.

[49] 史常凯, 张波, 盛万兴, 等. 灵活互动智能用电的技术架构探讨 [J]. 电网技术, 2013, (10): 2868-2874.

[50] 徐俊钗, 王晓. 交通运输部、国家能源局、国家电网公司共同推进船舶靠港使用岸电 [J]. 农村电工, 2017, 25 (11): 4.

[51] 田鑫, 杨柳, 才志远, 赵波. 船用岸电技术国内外发展综述 [J]. 智能电网, 2014, 2 (11): 9-14.

[52] 吴振飞,叶小松,邢鸣.浅谈船舶岸电关键技术 [J].电气应用,2013,32(06): 22-26+60.

[53] 卢明超,刘汝梅,石强,李强.国、内外港口船舶岸电技术的发展和应用现状 [J].港 工技术,2012,49(03):41-44.

[54] 杜讜,李宏涛,温源远.德国汉堡港阿尔托那邮轮码头绿色岸电经验及启示 [J].环 境与可持续发展,2016,41(04):40-43.

[55] 国合会"促进城市绿色出行"专题政策研究项目组.促进城市绿色出行 [J].环境与 可持续发展,2014,39(04):88-100.

[56] 张红青.绿色出行的宣传推广设计研究 [D].西南交通大学,2017.

[57] 2017年922绿色出行活动 [J].城市交通,2017,15(05):10-21.

[58] 陈凝.未来厨电呼唤绿色发展 [J].家用电器,2013(08):54.

[59] 张晓艳."三个三"举措推进"全能型"供电所建设 [J].农村电工,2018,26(10): 19.

[60] 赵永平.品牌引领 履责驱动 全力打造"全能型"供电所 [J].农村电工,2018,26 (10):20.

[61] 张晓婷."全能型"供电所复合型员工队伍建设分析[J].低碳世界,2018(09):313-314.

[62] 黄长军.黄埔供电所:"全能"引领 成就"五星"[J].中国电力企业管理,2018(26): 84-85.

[63] 刘东,李秀娟,刘一畔.重庆:深化"全能型"乡镇供电所建设 [J].中国电力企业 管理,2018(26):6-7.